VISÃO DE UM PLANEJADOR NA OPERAÇÃO

VIVÊNCIAS NO SETOR ELÉTRICO BRASILEIRO

Guilhon, Luiz Guilherme Ferreira
Visão de um planejador na operação : vivências no setor elétrico brasileiro / Luiz Guilherme Ferreira Guilhon. -- 1. ed. -- Rio de Janeiro : Ed. do Autor, 2022.

ISBN 978-65-00-42113-2

1. Experiência de vida 2. Guilhon, Luiz Guilherme Ferreira 3. Homens - Biografia 4. Relatos pessoais I. Título.

22-105726 CDD-920.71

Autor: Luiz Guilherme Ferreira Guilhon (guimoguilhon@gmail.com)

1ª Edição - Rio de Janeiro, Março/2022
Editora: Clube de Autores
Capa: Do autor
Revisão: Olívia Meireles Ribeiro dos Santos e
Luiz Cristina Krau de Oliveira
ISBN: 978-65-00-42113-2
1.Não Ficção 2.Autobiografias 3.Biografias

Agradecimentos

Como sempre, preciso agradecer sempre a Deus pela vida, a meus pais pela educação, bons exemplos e cuidados para comigo e toda a nossa família.

Agradeço aos meus colegas de trabalho tanto na Eletrobrás quanto no ONS, pelos ensinamentos que recebi, pela paciência, atenção e dedicação para com minha formação e passagem de conhecimentos de forma democrática. A esses colegas devo todo o respeito e solidariedade pelo trabalho incansável, pela dedicação plena e pelo senso de responsabilidade profissional.

Agradeço à minha Nora, Olívia, por sua revisão de texto, rápida e eficiente.

Agradeço também à minha querida esposa Luiza Cristina, por rever com olhar atento e crítico os fatos aqui narrados e por entender também que as urgências, as ligações inesperadas e às vezes meus atrasos na chegada em casa tinham sua justificativa explicável. Amar é conviver com o inesperado. Amar também é partilhar os sonhos.

Agradeço a meus filhos por suportar minhas ausências por conta das horas a mais trabalhadas para a solução de problemas operacionais que não podiam esperar.

Peço, por último, perdão a todos se algumas verdades estão pela metade ou se esqueci de detalhar algum fato importante, ou até se porventura algum detalhe possa ter sido confundido ou mal localizado.

Prefácio

Tenho 64 anos. Finalmente chegou a minha vez. Estou me aposentando, gente! No auge da produtividade, ainda bem lúcido, cansado da batalha do cotidiano, mas, com bastante energia. O suficiente para não ser egoísta e compartilhar com o mundo minhas experiências de trabalho no Setor Elétrico, mais concretamente na Eletrobrás e no Operador Nacional do Sistema Elétrico e minha visão sobre diversos assuntos deste Setor.

Acredito que as experiências adquiridas não devam ir embora conosco. Quando nossa vida é um livro aberto na qual nada temos a temer, podemos nos dar ao luxo de explicitar em modestas e mal traçadas linhas tudo o que fizemos, tudo o que pensamos, contribuindo desse modo para o crescimento de todos em geral.

Espero sinceramente que ninguém se sinta ofendido com minhas palavras, meu julgamento, meu modo de pensar e minhas colocações. Todos, inclusive eu, temos o direito ao livre pensamento e podemos expor nosso pensamento e nossas ideias de forma clara e sincera.

Por isso não espero ser uma unanimidade, mas espero poder provocar nas pessoas uma viagem fora de sua zona de conforto. Espero que usem os relatos de minhas experiências como uma forma de fazer reflexões sobre onde estamos, o que fazemos ou aonde queremos chegar.

Me desculpem os mais puristas se encontrarem que algum dado não reflete exatamente o valor correto, mas, são os dados que consegui apurar e levantar através de publicações e livros oficiais. Lembro a todos que sempre haverá espaço para rever alguns conteúdos em futuras edições. A estabilidade de pensamento leva à estagnação.

Esta pequena narrativa apresenta minhas experiências no Setor Elétrico em cerca de 36 anos de contribuições com dois propósitos. O primeiro de narrar os acontecimentos segunda a minha visão para registrar feitos históricos e o segundo de levar as pessoas a refletir um pouco mais sobre o 'status quo" e se pensarem como eu promoverem mudanças necessárias à melhoria dos processos.

Índice

Introdução

Usina Hidroelétrica de Marmelos (1889)

Não podemos deixar o tempo passar sem registrar o depoimento sobre as vivências de nosso caminhar nesta vida. A humanidade merece conhecer nossas experiências, incorporá-las ao seu conhecimento e, deste modo, ajudar em seu processo de tomada de decisão.

Meu pai era diplomata e acabei tendo uma formação bastante eclética. Aos 4 anos fomos morar em Portugal, onde ficamos por cerca de 8 anos. Cinco anos morando no Estoril (o quintal de Lisboa) e outros três morando em Lisboa. Lá aprendi o idioma português com toda a sua pompa e circunstância, além da educação para a vida de criança. Fui um aluno médio, nem brilhante e nem péssimo. Era uma criança feliz que tinha sete irmãos, um quintal onde criava galinhas e coelhos e um bosque de pinheiros onde vivia intensamente minhas aventuras dando asas à imaginação, comendo pinhões de montão e pintando as pinhas para enfeitar a árvore de natal.

Na volta ao Brasil estudei aqui no Rio de Janeiro por dois anos seguidos e logo em seguida, em 1970 fomos morar em Madri, na Espanha. Lá acabei o ensino fundamental e fiz o ensino médio de forma brilhante. Estudei no Colégio Santa Maria de las Nieves e era um dos melhores alunos da turma. Quase todos os anos ganhava o que eles chamavam de "matrícula de honor", ou seja, matrícula de honra, onde se destacava o melhor aluno da turma em várias matérias. Pelo menos em três anos fui laureado com a "matrícula de honor".

Em 1975 meu pai foi transferido para Lima no Peru, onde fiquei estudando para fazer o vestibular uma vez que nunca tinha visto na minha vida literatura, história e geografia peruana além do idioma ter suas nuances e palavras conhecidos como falsos amigos. Queria ter feito vestibular para engenharia elétrica, mas a Faculdade que se apresentava para mim era a Universidad Nacional de Ingenieria - UNI, uma universidade pública. Meu pai me disse que eu não teria a menor chance de estudar lá porque era uma universidade muito politizada e vivia em greve quase que o ano todo. A alternativa que me foi colocada seria a Pontifícia Universidad Católica del Peru – PUCP na qual não havia nada nem parecido com engenharia elétrica. Inscrevi-me em engenharia mecânica. Foi uma perda de tempo e dinheiro muito grande. O ensino era muito fraco, muito ruim e em plena era dos computadores estavam estudando com régua de cálculo.

De tanto insistir meu pai acabou concordando que eu em 1979 me transferisse para a PUC-Rio onde finalmente me matriculei na engenharia elétrica que eu tanto queria. Estudando o que queria, finalmente voltei a ser um aluno médio, nem brilhante e nem fraco, mas, sempre me destaquei pelo meu interesse em linguagens de programação e informática. Formei-me como engenheiro elétrico com ênfase em sistemas pela PUC-Rio e acabei fazendo lá também o curso de Análise de Sistemas em paralelo. Dei aulas na Faculdade Bennett e na escola técnica ORT iniciei minha vida profissional trabalhando como analista de sistemas contratado pelo Serviço Federal de Processamento de Dados – SERPRO. Um ano depois, entrei para o Setor Elétrico, passando a integrar a equipe da Eletrobrás, em junho de 1985. Na verdade, naquele instante, eu estava aceitando o grande desafio de inverter todos os meus planos e dar uma guinada na carreira.

No mesmo ano, no mês de dezembro, me casei e fiz uma festa onde proliferaram convidados oriundos do Setor Elétrico. Do Serpro mesmo ficaram somente as lembranças e a distância. Não tinha criado raízes naquela empresa, mas, como meu ex-sogro Rui Monteiro Ciarlini, havia trabalhado na Eletrobrás militando no Setor Elétrico durante muitos anos, ao meu casamento compareceram muitas figuras do Setor Elétrico. Alguns eram já meus colegas de trabalho e outros para mim ainda eram reverendos desconhecidos.

Cheguei a uma simples conclusão: a minha carreira tinha efetivamente se modificado substancialmente e eu havia abraçado a engenharia de vez.

Primeiros tempos de Eletrobrás

A partir do fim do regime militar, o início da abertura, a anistia implantada, o surgimento da democracia em nosso país, o Brasil, que tinha na Eletrobrás sua principal fonte de financiamento setorial, passou a ter sérias dificuldades para dar continuidade a esse financiamento.

Os primeiros anos da década de 80 foram bastante difíceis nos quais a contenção dos gastos públicos e a elevação da taxa de juros jogaram o país em forte recessão com a queda do PIB de 3,1% em 1981 e uma inflação anual de aproximadamente 100% instituindo-se a conhecida "estagflação" [CACHAPUZ, 2002].

Em 1980 foi criado o GCPS – Grupo Coordenador do Planejamento dos Sistemas Elétricos para tentar contornar a problemática de ampliar o parque gerador diante da situação econômica do país. O financiamento setorial passou a ser externo proveniente de bancos privados internacionais que impunham ao Brasil condições cada vez piores e até 1983 foram assinadas pelo governo Figueiredo sucessivas cartas de intenção que comprometiam o país com medidas de ajuste econômico cada vez mais restritivas. Em 1984, houve um ensaio de recuperação da economia com o pagamento integral dos juros da dívida externa, porém, a crise não havia ido embora. A inflação continuava elevada. O programa de investimentos do setor propiciou o endividamento das empresas diante de fornecedores de equipamentos e empresas da engenharia.

O Brasil passava por momento de grandes transformações, mas, a gente não pode esperar o país estabilizar para tomarmos as decisões fundamentais de nossas vidas. Temos que apostar nas nossas decisões e entregar-nos um pouco nas mãos de Deus. Desde que me entendo por gente, meu pai me dizia que o país está em crise e que as coisas no Brasil estão ficando difíceis.

No ano que entrei para a Eletrobrás, iniciou a operação da primeira máquina UHE Itaipu, uma usina hidroelétrica binacional, cuja geração pertencia ao Brasil e ao Paraguai em parcelas iguais de 50% cada. Como o consumo do Paraguai era muito baixo (cerca de 10% da geração total da usina) toda a energia excedente pertencente àquele país, cerca de 40% do total da usina, era vendida e consumida pelo Brasil que tinha prioridade de compra.

No jornal "O Globo" as manchetes não eram animadoras e podia se ler que a Eletrobrás admitia que o risco de racionamento de energia era de 30%, considerando-se as indisponibilidades de Angra I e do elo de corrente contínua que passara a trazer a energia de

Itaipu [CACHAPUZ, 2003]. Comecei a trabalhar na Eletrobrás com planejamento energético, processando modelos de otimização energética, modelos de simulação energética, fazendo balanço de potência (conhecido como balanço de ponta), analisando os resultados e elaborando relatórios que retratavam um planejamento que abrangia desde um horizonte de dez anos (Plano Decenal de Geração), ou quinze anos (Plano Quinquenal de Geração) ou até mesmo 30 anos. Nesse horizonte de 30 anos à frente se trabalhava com blocos de geração hidroelétrica e também termoelétrica separando-as por fonte de combustível.

Apesar das ferramentas serem ainda com limitados recursos nossos gráficos e tabelas impressionavam pelo conteúdo e explicavam o grau de segurança que se praticava no planejamento.

Também foram desenvolvidos no âmbito da Eletrobrás alguns estudos para subsidiar outros países da américa latina que não possuíam nosso ferramental de modelos. Outros trabalhos, igualmente importantes, realizados por nossa equipe na Eletrobrás, eram as análises e pareceres sobre a análise energética dos estudos de inventário, viabilidade e projeto básico de aproveitamentos hidroelétricos.

Dentre as oportunidades de crescimento colocadas para mim, além de participação em Seminários, Congressos e Simpósios houve uma oferta da OIT – Organização Internacional do Trabalho de um Curso de Fontes Alternativas e Economia de Energia realizado em Turim, na Itália, ao final de 1989, durante 3 (três) meses. Nesse curso além da parte técnica pude visitar diversas instalações de empreendimentos de geração com fontes alternativas de energia, visitamos fábricas nas quais se realizavam processos voltados para a economia de energia. Engraçado o povo italiano! Tinham feito um plebiscito no qual foi decidido que ficava proibida a geração de energia em solo italiano com uso de fonte de geração nuclear. Entretanto compravam (importavam) uma grande parte de sua energia através da França, que é um país vizinho, o qual possui uma matriz de geração de energia baseada essencialmente em energia nuclear. Para que fizeram plebiscito? Não sei responder.

A grana começou a ficar curta com o nascimento de filhos e, como já foi citado anteriormente, precisei complementar com atividades de ensino extra dando aulas de análise e projeto de sistemas de manhã bem cedinho numa escola técnica em Botafogo denominada ORT e à noite no Centro Universitário Bennett, que hoje se transformou no UNIVERITAS. Sempre gostei de ensinar e acredito que tenho essa vocação presente em minhas veias.

Continuei meu trabalho no planejamento do Setor Elétrico Brasileiro, que era comandado pelo Grupo Coordenador do Planejamento dos Sistemas Elétricos – GCPS. Esse grupo GCPS foi criado em 1980 sob a coordenação da Eletrobrás, sempre muito organizado, onde tudo tinha uma sequência lógica. O país era dividido nos aspectos geoelétricos em quatro regiões, Sudeste, Sul, Nordeste e Norte correspondentes às áreas de atuação de Furnas, Eletrosul, Chesf e Eletronorte. Outras empresas como Cesp, Cemig e Light no Sudeste, e CEEE e Celesc no Sul participavam de forma ativa desse planejamento. Passou-se a ter uma forte relação com o

Grupo Coordenador para Operação Interligada - GCOI, criado em 1973 pela Lei de Itaipu, também sob a coordenação da Eletrobrás, que era responsável pelo planejamento da expansão com horizonte de até cinco anos à frente e pela operação dos sistemas elétricos interligados.

As premissas previstas nos Planos de Energia eram revisitadas a cada ano considerando que o mercado de consumo de energia elétrica não crescia conforme fora previsto em taxas de 8% ao ano. Desse modo a entrada em operação das máquinas de Itaipu, foram sendo adiadas bem como a entrada das demais novas usinas hidroelétricas. Havia sobra na capacidade instalada nos anos 1985 e 1986.

Em 1987 foi acrescentada á capacidade instalada a usina nuclear de Angra II que se somou a Angra I cuja entrada em operação havia sido em 1982 fechando desse modo o parque nuclear brasileiro, uma vez que até o presente momento aparentemente a usina de Angra III vem tendo a retomada de sua obra adiada a cada novo governo que se apresenta, caminhando por espasmos, com cerca de 60% da obra concluída até o momento e com previsão atual de entrada aproximadamente em 2026.

As fontes alternativas de geração de energia não conseguiam deslanchar em nosso país, porque o custo dessas alternativas sempre era muito superior. A energia solar colocaria o Brasil nas mãos do Vale do Silício nos Estados Unidos e a fonte eólica nos colocaria nos braços dos principais fabricantes de turbinas aero geradoras, como Espanha, Dinamarca, Alemanha, China e Estados

Unidos, além de diversos componentes que não eram fabricados em solo nacional.

No mesmo ano de 1985, quando iniciei na Eletrobrás foi criado o Programa Nacional de Conservação de Energia Elétrica - PROCEL e o país vivia o começo da era democrática com um presidente eleito (Tancredo Neves) ainda que por voto indireto e que acabou não sobrevivendo. O comando do país foi assumido pelo presidente José Sarney, seu vice-presidente. No Setor Elétrico deu-se partida ao que se conheceu como Plano de Recuperação Setorial - PRS para tentar recuperar a condição financeira das empresas do Setor Elétrico.

Alguns projetos acabavam rejeitados por resultarem em soluções que não eram aceitas sob o ponto de vista ambiental como por exemplo a UHE Capanema no rio Iguaçu, a UHE Santa Isabel no rio Tocantins e diversos outros. As usinas que tinham menos impactos ambientais acabavam tendo sua construção bastante dificultada pela falta de financiamento em condições adequadas e exequíveis, uma vez que se queria fugir dos compromissos junto a órgãos financiadores internacionais como o Banco Mundial e a economia nacional não conseguia contribuir de forma significativa.

Quando da chegada do Plano Cruzado em 1986 as tarifas ficaram congeladas sem que tivesse havido reajuste em momentos anteriores. Assim sendo as empresas de energia elétrica tiveram forte queda na sua remuneração, a inflação retomou sua caminhada galopante e em 1987 a economia cresceu apenas 2,9% sendo declarada a suspensão do pagamento da dívida externa.

O Plano 2010, concluído em 1987, inovou o planejamento tratando de questões como preservação do meio ambiente, inserção regional dos empreendimentos e principalmente a questão das incertezas de longo prazo, considerando ainda a fonte hidroelétrica como melhor opção devido ao potencial ainda disponível.

Em 1990 a Eletrobrás iniciou a atualização do Plano 2010 lançando o Plano 2015. Participei da elaboração desse plano que, devido às incertezas econômicas no governo federal e à criação do Ministério da Infraestrutura (assumindo funções que seria do MME), acabou concluindo somente em 1994. Na sua elaboração foi utilizada a técnica de uso de cenários para o tratamento das incertezas não só hidrológicas, mas também as relacionadas com a economia no Brasil e no mundo utilizando uma abordagem para conjuntos de cinco anos. Chegou-se à conclusão de que 50% do potencial hidrelétrico a ser aproveitado estava na Região Norte, 31% no Sudeste e Centro-Oeste, 14% no Sul e somente 5% no Nordeste. A partir de então deu-se início à elaboração de um Plano Decenal de Expansão que determinava sempre um conjunto de obras que deveriam entrar em operação ao longo dos próximos dez anos à frente. Esse Plano sempre era revisto a cada ano, quando possível e quando não a cada dois anos.

A economia iniciou um processo de estabilização, durante o governo Fenando Henrique, com o Plano Real implantado e base política no Congresso foram sendo criados caminhos para uma reforma no Setor Elétrico uma vez que ainda se tinha dificuldades no financiamento para construção de novos empreendimentos. Além de várias emendas constitucionais que foram aprovadas iniciou-se a privatização de algumas empresas do Setor Elétrico como a venda da Escelsa em 1995 para a EDP - Energias de Portugal, e em 1996 da Light para um consórcio liderado pela francesa EDF e da CERJ para a espanhola ENDESA hoje conhecida como ENEL. Mais adiante se seguiram outras como Coelba, CPFL, Enersul, Cemat, Energipe e Cosern bem como empresas oriundas de cisões da Celg, Ceee e Eletrosul.

As usinas hidroelétricas mais atrativas, sob o ponto de vista econômico, que compunham o potencial hidroelétrico haviam sido construídas, levando-o a se aproximar de seu esgotamento justamente em meados da década de 80 [LEITE, 2007] e o que restara da administração pública fora destruído pela ação conjunta dos ministros do curto governo Collor.

Nesses primeiros anos de trabalho, entre 1985 e 1995, a taxa média anual de crescimento populacional foi de 1,8%, do PIB foi de 2,8%, com um crescimento no consumo de energia como um todo da ordem de 3,1%. Viviam-se tempos difíceis com uma taxa média anual de inflação de 850% [LEITE, 2007].

A nota pitoresca de meus primeiros anos de Eletrobrás é que eu trabalhava num prédio que se chamava "Rio Paraná" e ficava localizado na rua Visconde de Inhaúma, no Centro do Rio de Janeiro. Era um prédio bastante antigo, as paredes eram bem grossas e quando se estava numa sala não se escutava nada do que acontecia nas outras salas. Aliás, as salas tinham portas e paredes antes de virar moda esse conceito de PT - Posto de Trabalho. A concentração no ambiente de trabalho era facilitada naquela época por conta desses aspectos. O prédio tinha também uns elevadores bem antigos, com paredes de madeira, que subiam e desciam dos andares fazendo bastante barulho, ao descer a gente podia sentir o freio e ficava rezando para que esse freio funcionasse e nossa chegada ao térreo fosse em paz. A lotação do elevador era controlada pelo ascensorista que muitas vezes dava um jeitinho brasileiro de enfiar sempre mais um, como se fosse aquela propaganda de "Rexona" (sempre há lugar para mais um). Pois é, o elevador, que mais parecia uma caixa de madeira, tinha portas em suas paredes laterais e eu sempre me perguntava para que serviria essas portas afinal de contas. Um belo dia descobri! O elevador estava bastante cheio e nisso não sei porque motivo ele pifou no meio do caminho entre um andar e outro e quando era assim os responsáveis davam um jeito de, através de um mecanismo que desconheço como funciona, deslocar a altura do elevador até o andar mais próximo para que as pessoas pudessem saltar e pegar outro elevador ou descerem de escada. Nesse dia, porém, esse mecanismo não funcionou e as pessoas que estavam lá dentro daquele elevador começaram a ficar nervosas. Os porteiros falavam para ficarem todos calmos e que a empresa de manutenção tinha sido chamada. As pessoas mesmo assim não se acalmaram porque o elevador realmente estava muito cheio. Alguém falou lá dentro: - E se ele despenca agora? Bom, sei que o pânico se intensificou e pensei: - Chegou a minha hora! Não sei se de forma programada ou mais na intuição levaram até nós o elevador vizinho que era literalmente colado no outro e o colocaram com aquele mecanismo exatamente na mesma altura do nosso. Em seguida abriram as portas laterais dos dois elevadores e pediram para as pessoas passarem de um elevador para o outro, só que isso era bem tenso porque a gente via o poço do elevador na hora de passar e se sentia bem inseguro. Estávamos no oitavo andar. Sei que eu estava longe da porta lateral e acabei sendo o último a ser resgatado, até porque, antes de mim tinha nossa secretária, a Dona Nilda, me lembro bem de seu nome, que simplesmente entrou em pânico e disse que não iria conseguir passar. Ela ficou no meio do caminho e empacou como se fala vulgarmente. Disse que estava com muito medo e após um trabalho de convencimento, de olhos fechados e segurando em nossas mãos ele conseguir atravessar para o outro elevador e finalmente liberar o caminho para mim. O elevador ficou duas semanas interditado em conserto, me asseguraram que todas as peças ruins tinham sido trocadas e que tinham colocado uma máquina nova, mas, mesmo assim continuei rezando cada vez que entrava naquele elevador. Foi trauma mesmo! No início de meu trabalho na Eletrobrás o prédio era antigo, o elevador era perigoso, as paredes eram grossas e os móveis eram escuros, pesados e antigos também. Em algumas salas, com cortinas, era muito comum sentir-se um cheiro de umidade e mofo. Para alérgico, era um terror.

Depois nos mudamos para o edifício Herm Stoltz, que ficava na Av. Presidente Vargas, 409, na esquina com a Av. Rio Branco, naquela ocasião bem em cima do Banco Real que hoje virou Banco Santander. O prédio tinha melhores condições de trabalho e era o que eu diria de um ponto intermediário entre o passado e a atualidade. Com paredes mais finas nas pouquíssimas salas que existiam e os demais postos de trabalho sem paredes.

Como virei hidrólogo

Acredito que nós engenheiros, somos sempre bastante curiosos por natureza e nos interessa sempre conhecer mais e mais outras visões, outros aspectos e outras atividades. Quem se estabelece em sua região de conforto pode evoluir, mas, garanto que quem se desafia e se provoca com frequência tende a ter saltos qualitativos que lhe agregam a capacidade de ser resiliente.

Não satisfeito com cerca de 10 anos de trabalho ininterrupto com o Planejamento Energético, calculando o risco de déficit, ajustando a oferta de energia ao mercado, avaliando estudos energéticos de Viabilidade e Projeto Básico de novos empreendimentos, decidi que era hora de mudar. Fui entrevistado em várias áreas, na Diretoria e Operação, na área Internacional da empresa e na Divisão de hidrologia dentro do mesmo Departamento.

E foi assim que decidi iniciar meus conhecimentos em hidrologia, começando o aprendizado praticamente do início, porém com toda a bagagem setorial nas costas e principalmente com muita vontade de aprender coisas novas, de me desafiar, de quebrar barreiras.

Não posso deixar de ser muito grato ao engenheiro Oduvaldo Barroso da Silva a enorme paciência que teve para comigo ensinando-me muito sobre como funcionavam os conceitos em hidrologia, desde as medições de vazão, consistências e como se analisavam os projetos que recebíamos para avaliação pelo lado da hidrologia seja como estudos de inventário, viabilidade ou já em projeto básico. Agradeço também à minha atual esposa, Luiza Cristina, que foi hidróloga em Furnas Centrais Elétricas, os conhecimentos que me passou e por ter me ajudado em minha caminhada no mundo das águas e na minha formação. Sempre trocamos muito conhecimentos sem necessidade de nos tornar competitivos um com o outro. O amor guia nossos atos e pensamentos.

Essa Divisão de Hidrologia na qual passei a trabalhar cuidava dentre outros assuntos do assoreamento dos reservatórios com conhecimentos adquiridos com a paciência do engenheiro Dr. Newton de Oliveira Carvalho (in memoriam) a quem agradeço muito a minha capacitação nesse tão importante tema. O professor Carvalho passados alguns anos tornou-se meu parceiro em alguns artigos para os quais ele me chamava a ajudar nos cálculos. Volta e meia a gente se esbarrava, pois ambos morávamos na mesma rua em Laranjeiras, coincidentemente, há somente alguns prédios de distância.

A Eletrobrás também cuidava e mantinha atualizado o Potencial Hidroelétrico Brasileiro – POTHIDRO que representava as usinas hidroelétricas e os estudos existentes em várias fases, cujos dados e informações passavam a ser populadas numa base de dados denominada SIPOT.

Fazendo um pequeno parêntese, gostaria de deixar registrado as etapas de estudo pelas quais passa uma usina hidroelétrica (FORTUNATO L.A.M et al, 1990), a saber:

- **Potencial Estimado:** Refere-se a uma análise preliminar das bacias hidrográficas levando em conta os dados topográficos e geológicos, os mapas existentes e o levantamento aerofotogramétrico definindo uma primeira estimativa do potencial hidroelétrico das bacias. Este potencial dividia-se em individualizado, quando os locais eram definidos e remanescentes, quando não se sabia localizar ao certo. As estimativas de custos nesta fase inicial ficam bastante aquém dos custos reais das próximas fases de estudo.

- **Potencial Inventariado:** Representa o que se conhece como a Divisão de Quedas de uma bacia hidrográfica. Nesta fase os aproveitamentos são individualizados e nomeados e se obtém uma ideia bastante clara de cada um a partir de um orçamento padrão. Esta fase visa a escolha da alternativa que em conjunto representam o menor custo/benefício, ou seja, a melhor combinação de opções para as usinas da cascata. Significa escolher maior geração com menor custo e menores impactos ambientais.

- **Potencial em Viabilidade:** É uma fase de estudo realizada para cada uma das usinas relacionadas na fase anterior, ou seja, cada uma das usinas escolhidas na melhor Divisão de Quedas, onde leva-se em conta sua otimização técnico-econômica-ambiental. Também se efetua o seu dimensionamento final, os melhores arranjos gerais, eixos de barragem, níveis d´água operativos limites, quedas, volumes, capacidades instaladas, número de máquinas e tipo de turbinas, bem como os benefícios associados.

- **Potencial em Projeto Básico:** É uma fase de estudo com o detalhamento do aproveitamento concebido na fase de viabilidade com elaboração do seu orçamento final, definição de obras civis necessárias visando a licitação (atualmente o leilão) e sua construção.

- **Potêncial em Projeto Executivo:** É simplesmente um detalhamento da fase anterior em nível de construção com a elaboração dos desenhos, detalhamento das obras civis e de equipamentos eletromecânicos necessários à montagem dos equipamentos.

Durante muito tempo analisei os estudos hidrológicos dos projetos de novas usinas em nível de Inventário, Viabilidade ou Projeto Básico, aprovando algumas vezes e solicitando recálculos noutras vezes. Formamos uma boa equipe e passamos funcionar de forma articulada a partir da distribuição de novos estudos para análise conforme eles chegavam. No planejamento, se você for uma pessoa organizada não tem motivos para que haja estresse. É só planejar as atividades dentro dos cronogramas e correr atrás de cumpri-las. Os projetos de reservatórios de novas usinas hidroelétricas a serem implantadas e construídas eram submetidas ao programa "Ordena" que calculava a relação custo/benefício para cada uma delas e as ordenava priorizando as de menor índice custo/benefício (ICB). Isso sempre ajudou muito a planejar cos custos menores e benefícios maiores.

Com pouco tempo de aprendizado e muita dedicação, me dediquei a atividades do Grupo de Trabalho de Informações Básicas - GTIB, junto aos Agentes de Geração, ligado aos assuntos próprios de hidrologia. Em muito pouco tempo, fui escolhido para coordenar esse grupo que passou tratar de assuntos como a visibilidade e composição da Rede Hidrometeorológica Nacional (hoje operada pela ANA), a sedimentologia de reservatórios, os dados básicos de usinas hidrelétricas, atualização das séries de vazões naturais médias mensais, modelos hidrológicos e estudos de evaporação e retirada de água para usos consuntivos. Dividi o grupo nesses subtemas e às vezes fazíamos reuniões específicas para cada tema de forma separada.

Nos anos 90, esgotava-se a capacidade do Estado de financiar a expansão do setor, tornando-se assim necessária a atração de capitais privados. Desse modo, não era mais factível atribuir-se a uma empresa com características de holding de diversos agentes do setor elétrico o papel de executor de grandes projetos de transmissão, geração e, além disso, de coordenador da expansão do setor elétrico. O surgimento de variáveis ambientais e a complexidade desses fatores que passaram a influenciar na produção da energia elétrica levou à necessidade de se dar uma nova roupagem ao Setor Elétrico.

A reestruturação definitiva do Setor Elétrico deu-se no projeto RESEB - Reestruturação do Setor Elétrico

Brasileiro que se iniciou ainda em 1996 com a coordenação da empresa de consultoria inglesa Coopers & Lybrand e finalizou em 1997. Nesse mesmo ano foi criada a Agência Nacional de Energia Elétrica - ANEEL assumindo as funções do DNAEE extinto ao mesmo tempo, ficando com a atribuição de licitar novas concessões, bem como aprovar estudos de viabilidade das novas usinas que era antes uma atribuição da Eletrobrás.

Em 1998 fui chamado a contribuir para a elaboração pela ANEEL as Resolução 396/1998 que apresentava os requisitos para a implantação e operação de estações fluviométricas e pluviométricas associadas a empreendimentos hidroelétricos. Nesse mesmo ano 1998, foram instituídos o Mercado Atacadista de Energia - MAE, cujas funções relativas às negociações de compra e venda de energia hoje são exercidas pela Câmara de Comércio de Energia Elétrica - CCEE. Também no mesmo ano de 1998 foi criado o Operador Nacional do Sistema Elétrico, encarregado da coordenação e controle da operação do Sistema Interligado Nacional - SIN.

Por meu desempenho à frente do GTIB fui convidado a integrar a equipe do ONS em dezembro de 1999 e ao aceitar me despedi da Eletrobrás com muitas saudades, mas entendendo que era mais um ciclo que se encerrava em minha vida e que com estas reformas o papel da Eletrobrás havia encolhido bastante, ingressei no ONS em janeiro de 2000.

Posso parecer saudosista, mas, me orgulha muito o trabalho que se desenvolvia na Eletrobrás, um trabalho sério, alinhado sempre com as diretrizes que vinham do governo, seja ele qual fosse, e com uma bela noção de desempenhar uma grande utilidade para a sociedade.

Além de todo o trabalho de Planejamento para horizontes de até 30 anos de forma organizada e em sintonia com o que a política energética que o governo determinava, contribuíamos com as análises dos estudos de novos projetos e também sempre foi um excelente celeiro de formação e de capacitação dos técnicos do Setor Elétrico. Foram implantados programas verdadeiramente importantes como o Programa de Conservação de Energia Elétrica - PROCEL lançado pelo governo José Sarney em 1985, o Luz no Campo, lançado pelo governo Fernando Henrique em 1999, o Programa de Incentivo às Fontes Alternativas de Energia Elétrica - PROINFA criado no governo Fernando Henrique em 2002 e regulamentado no governo Lula em 2004 e o Programa Luz para Todos criado também no governo Lula em 2003.

A entrada da tecnologia das fontes alternativas no Brasil dependia basicamente de três fatores:

- A queda no custo de construção dessas usinas que eram bastante elevados.
- A intensificação do esgotamento do potencial de algumas fontes renováveis de energia como as hidroelétricas.
- A vontade política de um governo que fosse antenado com a sustentabilidade e o meio ambiente.

A partir do início do século XXI as fontes alternativas, principalmente a energia eólica, passaram a aumentar a oferta energética para o atendimento à carga de energia do SIN com mais intensidade.

O Brasil instalou a primeira eólica da América Latina no início da década de 90, em Fernando de Noronha, mas ficou muito tempo sem ampliar a capacidade devido ao custo elevado de implantação dessa fonte de energia. Entretanto no início do século XXI a Eletrobrás lançou o Atlas do Potencial Eólico Brasileiro, com uma estimativa aproximada de 143 GW de potência aproveitável do Brasil (CEPEL, 2001). Conforme esse inventário, as regiões Nordeste, Sudeste e Sul apresentam somadas cerca de 90% de todo o potencial eólico brasileiro. O PROINFA foi o primeiro passo para alavancar o crescimento dessa fonte energética, e os leilões constituíram-se num segundo passo. Até 2007 havia somente uma empresa fabricante de aerogerador no Brasil, porém surgiram outras fábricas mais e hoje, em 2021, estão presentes pelo menos 7 empresas. O número crescente de grandes empresas de fabricação de aerogeradores com participação no setor mostra a atratividade desse mercado (SIMAS & PACCA, 2013).

Quem dera que os demais Setores do país conseguissem um dia pensar em planejamentos com cabeça de Estado e não de Governo, pois, diretrizes importantes e boas ideias para a infraestrutura do país, na educação, na saúde, no meio ambiente, na produção agrícola e outros itens mais deveriam atravessar os governos se sustentando sempre. Os governantes deveriam se preocupar mais com o país e menos com sua própria reeleição, sua fama, sua fortuna e seu destaque diante da sociedade. Os verdadeiros líderes são reconhecidos por seus pares. A verdadeira liderança requer vocação, capacidade e coragem e acima de tudo o reconhecimento dos outros.

Primeiros tempos no ONS

Ao decidir me desligar da Eletrobrás e acertar de ir trabalhar no ONS passei por momentos difíceis ainda em dezembro de 1999 e janeiro de 2000 pois logo após eu ter sido entrevistado e ter dado partida no meu desligamento da Eletrobrás fui avisado que o Diretor desta última havia ligado para o ONS pedindo para que suspendesse essas contratações. E agora? Eu já tinha concordado com a minha saída da Eletrobrás. Como faria agora, desempregado e com dois filhos para criar. Fiquei bastante nervoso e foi quando meu amigo Alex Nunes de Almeida, que também estava indo junto comigo para o ONS me informou que tinham ligado para ele assegurando que estava tudo acertado e seríamos contratados, mas, nos pediram para que não comentássemos com ninguém para onde estaríamos indo trabalhar. Tínhamos que informar que ficaríamos sem emprego para não gerar ciúmes no Diretor da Eletrobrás. Acho que eram resquícios de uma empresa que tinha uma governança bastante militarizada e hierárquica.

Desliguei-me da Eletrobrás e uma semana depois já estava trabalhando no ONS. Não tive tempo nem de pedir umas férias que não usufruía havia já algum tempo. No dia 26/01/2000 iniciei no ONS ainda com muitas dúvidas e incertezas sobre nossa afirmação diante de um Setor que já estava consolidado e que tinha se acostumado a trabalhar sob a coordenação da Eletrobrás e de uma forma bastante participativa dos Agentes de Geração. Ocupávamos dois andares de um dos prédios de Furnas Centrais Elétricas na rua Real Grandeza. Era a chegada de alguém com características de planejador na operação. Uma mudança bastante radical na minha vida, por isso escolhi este título para o livro, já que a ideia inicial era "Minha experiência no Setor Elétrico".

Nosso início foi bastante complicado. Era como se fosse uma empresa pequena com uma responsabilidade gigante. Os Agentes de Geração, vendo que suas equipes de hidrologia e de várias áreas tenderiam a ser reduzidas pela perda de responsabilidades devida à ampliação da participação do ONS, inicialmente foram bastante combativos à implantação do Operador. Sob o patrocínio da ABRAGE – Associação Brasileira das Empresas Geradoras de Energia Elétrica instituiu-se um grupo denominado GTRH – Grupo de Trabalho de Recursos Hídricos que inicialmente se opunha a cada novo passo que queríamos dar no ONS para o bom funcionamento do novo modelo setorial que havia sido implantado.

Os Procedimentos de Rede passaram a determinar as regras mínimas de convivência entre o ONS e os Agentes de Geração determinando as responsabilidades de cada parte, sendo sempre homologados pela Agência Nacional de Energia Elétrica – ANEEL.

O ONS, para a execução de suas atribuições, sem maiores perdas de qualidade e produtos havia herdado muitos documentos, bases de dados e modelos oriundos da Diretoria de Operação da Eletrobrás. Ainda assim, foi um começo onde parecia como se tudo estivesse se estruturando mesmo. Ainda nos perdíamos para encontrar alguns documentos e procurávamos nos computadores de cada um. Trabalhar dessa forma era um grande desafio para mim, um virginiano, que de certo modo adorava organizar os espaços. Fui criando espaço de armazenamento dando nome às pastas e subpastas organizando a documentação da melhor maneira para que as pessoas não se perdessem. Modéstia à parte a minha vocação para a organização era sempre mandatória e passei a ter a caixa de entrada de e-mail mais invejada da empresa. Raramente algum arquivo fica sem ser catalogado e arquivado em pastas dentro da caixa de e-mails.

Antes mesmo de entrar no ONS eu havia ingressado no programa de mestrado da COPPE/UFRJ no Programa de Planejamento Energético e acertei inicialmente com a empresa que precisaria de algumas horas por semana para ir às aulas. No exame de acesso tirei uma nota bem alta nas matérias de matemática e estatística e uma nota bem mais baixa em questões relacionadas ao meio ambiente, deixando explícito onde eu teria que investir mais. Minha tese acabou sendo um tema de bastante interesse para o ONS e foi sobre um modelo de previsão de vazões para Foz do Areia utilizando as tendências e taxas de variação mais recentes. Obtive bons resultados, mas, em Foz do Areia, para melhorar ainda mais precisava-se usar previsões de precipitação como insumo.

Aos poucos os novos produtos iam ganhando forma e em termos de acompanhamento da operação tínhamos a Sinopse da Situação Hidroenergética que eram uma espécie de informes sobre a situação da operação dos reservatórios do SIN que mais adiante foi substituída pelo RDH – Relatório Diário da Situação Hidráulico-Hidrológica das usinas hidroelétricas do SIN, vigente até hoje.

As previsões de vazões que eram oriundas do modelo estocástico mensal PREVAZ que era decomposto em valores semanais para cada semana operativa do Programa Mensal de Operação – PMO. Mais adiante, este PREVAZ foi substituído pelo modelo estocástico semanal PREVIVAZ, cujas duas primeiras semanas, atualmente, estão sendo substituídas pelos resultados do modelo hidrológico chuva-vazão SMAP.

Para estudos de um prazo maior quando se queria avaliar o SIN como um todo se fazia a análise através do uso do modelo energético de médio prazo NEWAVE e mais adiante usava-se a previsão mensal do PREVAZ para alimentar o modelo energético semanal DECOMP. Mais adiante surgiu outro modelo estocástico denominado PREVIVAZM cujos resultados alimentariam o modelo energético com esses valores mensais. Não havia um simulador hidráulico para realizar avaliações expeditas e para prazos mais curtos. Algumas vezes no passado utilizou-se o modelo estocástico diário PREVIVAZH para realizar algumas análises, mas, a qualidade dessas avaliações somente melhorou com a entrada do modelo chuva-vazão SMAP-ONS e com seu uso alimentando simulador hidráulico Hydroexpert. Bem no início do funcionamento do ONS o Sistema Interligado Nacional passou por uma escassez de energia que resultou em racionamento de energia.

Em abril de 2001 a ANEEL iniciou uma campanha de racionalização de energia e no mês seguinte foi criada a Câmara de Gestão da Crise de Energia e foi anunciado o racionamento de energia. A partir de junho de 2001 os subsistemas Sudeste/Centro-Oeste e Nordeste iniciaram o racionamento e no mês seguinte o subsistema Norte também entrou no racionamento.

Foram várias noites mal dormidas, o trabalho no ONS era contínuo para quantificar os efeitos do *déficit* de atendimento, as possíveis soluções e as perspectivas que se tinha a curto e médio prazos. O ONS foi o braço técnico dos estudos durante todo o período de racionamento e a equipe trabalhou de forma incessante, incansável e com dedicação mais do que plena.

Era muito difícil fabricar condições mais confortáveis para reverter a situação de racionamento. E assim ficamos com esse desgaste completo na equipe até o ano 2002, quando finalmente em março de 2002 decretou-se o fim do racionamento. Nosso comandante foi o Dr. Mário Fernando de Melo Santos, uma pessoa temida e respeitada por todos na empresa. Um nordestino, nascido em Recife em 1938 e o que ele tinha de estatura menor era um gigante em espírito que cativava a todos, um verdadeiro líder e sob sua gestão saímos da crise.

Aproveito para contar aqui um caso pitoresco do Dr. Mário. Ele procurava criar um ambiente familiar entre as pessoas e tinha o hábito de chamar a todos pelo nome, após confirmá-lo no crachá que levávamos pendurado ao pescoço ou na camisa. Certo dia, com a crise dando os primeiros sinais de que ia amenizar, estava ele descendo de elevador do último andar, provavelmente para ir à garagem e se deslocar a algum outro lugar e havia outras pessoas com ele. Entrei nesse mesmo elevador e eu tinha o hábito de às vezes enfiar o crachá no bolso da camisa social em vez de pendurado ao pescoço. Caramba! Ele sem poder confirmar meu nome não perdeu tempo e mandou essa: - Olá! Bom dia Joãozinho! Quem era eu para contestar uma pessoa com a sua autoridade e liderança? Na mesma hora sem perder a esportiva respondi para deixá-lo mais confortável: - Tudo bem Dr. Mário, não se preocupe, vamos sair dessa! A partir desse dia vários colegas passaram a me chamar de Joãozinho, para me zoar. Zoação do bem, zoação saudável, não agredia.

Numa quinta-feira, dia 26 de fevereiro de 2004, estava indo para o trabalho no ONS, no Ed. Mário Bhering, no trecho final à rua da Quitanda nº 196, e ao caminhar pela Presidente Vargas observei estarrecido que o edifício Herm Stoltz, na esquina da Presidente Vargas com a Av. Rio Branco, onde eu havia trabalhado e ainda ficava uma parte de Eletrobrás, estava pegando fogo. Bateu-me uma tristeza enorme, mas a vida tem que seguir seu curso. Uns anos antes, nesse mesmo edifício, quando eu ainda trabalhava lá, um homem teve seu corpo dilacerado pela queda do elevador e tivemos que ficar todos presos sem poder sair do prédio enquanto não tiravam o corpo do defunto e não se iniciava a perícia. Triste!

Em 2003, criou-se o Subgrupo de Hidrologia com o intuito de apresentar as inovações abrindo-se um espaço para a discussão das novas modalidades a serem desenvolvidas e pesquisadas, no que diz respeito aos assuntos hidrológicos. Coordenei esse Subgrupo de Hidrologia por vários anos. Era necessário validar as ferramentas computacionais, os modelos hidrológicos e energéticos na medida em que eles iam sendo incorporados ao processo do Planejamento e Programação da Operação e assim foram instituídos vários grupos de trabalho para promover essa validação através de testes e apresentar a todos os

Agentes de Geração. No âmbito desse mesmo Subgrupo acontecia a transparência aos Agentes sobre os avanços tecnológicos para a área de hidrologia e a aprovação desses Agentes em relação aos novos modelos desenvolvidos.

A partir de 2004 foi criado o CMSE – Comitê de Monitoramento do Setor Elétrico, cujo esquema pode ser melhor entendido na Figura 1, do qual participam a Agência Nacional de Energia Elétrica – ANEEL, a Agência Nacional do Petróleo – ANP a Câmara de Comercialização de Energia Elétrica – CCEE a Empresa de Pesquisa Energética - EPE e o Operador Nacional do Sistema Elétrico – ONS, tendo como objetivo principal acompanhar o desenvolvimento das atividades de geração, transmissão, distribuição, comercialização, importação e exportação de energia elétrica, gás natural e petróleo e seus derivados, avaliar as condições de abastecimento e de atendimento, identificando dificuldades e obstáculos de caráter técnico, ambiental, comercial, institucional e elaborar propostas de ajustes, soluções e recomendações de ações preventivas.

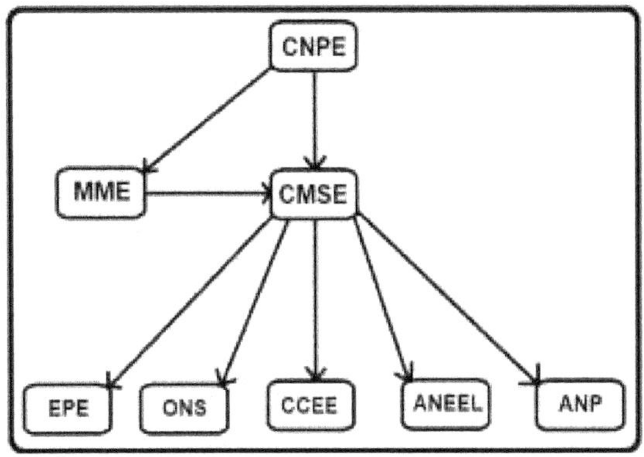

Figura 1 - Novo esquema para o Setor Energético

Nossa equipe sempre foi bastante coesa e unida e me lembro que há alguns anos, nossa gerente, Helena Dantas, com a qual foi um privilégio ter trabalhado, aposentou-se do ONS. A alta direção ficou procurando alguém para substituí-la e tentou optar por algumas alternativas externas. O processo demorou bastante e nossa equipe, mesmo sem gerente deu conta do recado respondendo a tudo e a todos a contento até que desistiram da solução externa e promoveram a gerente o colega Vinicius Forain, um engenheiro bastante pacífico, humano e com inteligência emocional. Foi um sinal claro de que o grande senso de responsabilidade sempre passou à frente.

Abro aqui um pequeno parêntese para registrar que durante muitos anos fui responsável pela manutenção dos dados técnicos de usinas hidroelétricas, na época retratados no extinto submódulo 9.7 dos Procedimentos de Rede do ONS, hoje transformado no novo submódulo 3.8 -

Atualização de dados técnicos dos aproveitamentos hidroelétricos. Esses mesmos dados que antigamente eu cuidava no planejamento, nas fases de inventário, viabilidade e projeto básico, agora, em fase de operação das usinas hidroelétricas novamente cuidei desse patrimônio do Setor Elétrico. Estava-se caminhando para a unificação desses dados numa única base de dados no ONS, porém, em determinada reestruturação da empresa a atribuição de cuidar desses dados passou a não ser mais uma atribuição da nossa gerência. Manifestei-me totalmente contra essa modificação de responsabilidades e informei que isso acabaria cobrando seu preço, mas, como ocorria com frequência, não fui ouvido. Moral da história, continuamos no ONS, ainda hoje em 2021, com várias bases de dados, muitas vezes com dados diferentes o que requer um esforço enorme das áreas para a atualização e compatibilização dos dados. Se não cuidamos do dado básico como se deveria, de que forma vamos querer alçar voos mais altos e procurar tecnologias mais sofisticadas?

Em 2007 tive o privilégio de organizar em conjunto com a ABRHidro-Regional do Rio de Janeiro, da qual eu era dirigente, um Workshop de Previsão de Vazões no ONS, gratuito e aberto a todo o Setor Elétrico, congregando Universidades, Centros de Pesquisa e Empresas de Desenvolvimento Tecnológico. Não tínhamos um auditório tão grande assim e desse modo o evento foi suportado com outras salas de reuniões nas quais havia transmissão simultânea das apresentações.

Percebendo que o trabalho no ONS não era para amadores, a partir do ano 2007 instituí um ambiente de descontração na gerência, onde todos anotavam qualquer frase que fosse falada por alguém com duplo sentido, ou seja, frases que tiradas do contexto poderia parecer até humorísticas, engraçadas. Ao final de cada ano passamos a disputar um troféu, o famoso dinossauro medonho. Era na verdade um relógio daqueles que funcionam com uma pilha AA ou AAA, não lembro mais, que estava colado ao corpo de um dinossauro terrivelmente feio que havia sido um presente de amigo oculto comprado por um dos colegas e que o meteorologista Marcio Cataldi afirmou que escolheu ficar com ele porque sua mulher iria adorar. Foi só chegar em casa que levou logo uma bronca dela e teve que voltar ao trabalho carregando seu troféu. A votação da melhor frase do ano era num almoço de confraternização de final de ano feita quase sempre no restaurante Mezzogiorno no Centro da cidade. Lá primeiro almoçávamos e ao final era a contagem de votos e entrega do prêmio. Todos os anos o meu prato era sempre o último a ser servido e eu não conseguia entender por que motivo isso acontecia. Achava que os garçons tinham marcação comigo ou algo parecido, até que um belo dia descobri que meu colega Paulo Diniz pedia secretamente que o meu fosse o último prato a ser entregue. Engraçadinho ele não?

O número de frases foi se proliferando tanto que ficou confuso e tivemos que criar categorias para as frases e passamos a premiar o vencedor de cada categoria com um prêmio igualmente esdrúxulo e os campeões de cada categoria disputavam a final para eleger a frase do ano. Foi até criada uma categoria destinada à melhor frase e técnico que não pertencia à nossa gerência. Era a categoria "Oscar" à melhor frase estrangeira. O prêmio nesse caso era uma estatueta parecida com um Oscar. Entretanto, consegui permanecer sem ganhar nenhum prêmio durante toda a existência do concurso passando incólume por todas as votações estes anos todos.

A seguir apresento uma tabela com as frases campeãs de cada ano, mas não vou citar os autores por uma questão de preservação dos direitos autorais e para não expor os colegas.

Tabela 1 – Frases campeãs de cada ano

Ano	Frase
2009	Minha tia tá bem! Na minha avó entrou 60 cm.
2010	Eu olhei pra trás e vi o negócio crescendo. Senti que ia entrar na minha traseira. Não dava para sair nem pela esquerda e nem pela direita. A entrada foi tão forte que amassou a minha frente. E depois de tudo o cara não quis pagar. Por último tirei fotos da havaiana dele.
2011	O ...... foi tirar o silicone, mas está com o céu da boca todo arrebentado e agora ainda está com sangramento
2012	O mané do motorista que sempre me pega em pé todos os dias por 15 minutos não parou e eu ainda fico esperando o próximo.
2013	Na ambiental não tem muito macho não..(...). Que pena que na minha época não tinha Ambiental, senão eu ia me destacar (...)
2014	É melhor chupar do que tomar...
2015	Acabei dando. Dei por umas três horas.
2016	Eu dei na Cidade Nova e quando cheguei em casa eu dei de novo.
2017	Minha mãe fez boca a boca no pinto grande.
2018	Eu peguei um que eu não costumava pegar, o vermelho! É muito bom! E ainda derrete na boca!
2019	O meu vivia todo arregaçado de tanto tirar e por !

Obs: 2007 e 2008 não temos as frases registradas.

Para se criar um ambiente de descontração havia até campanha para as frases favoritas. Esse era uma forma de descontrair e assim os campeões de cada categoria entregavam o prêmio aos novos campeões. A partir de 2020 com a chegada da pandemia sem conseguimos fazer mais o sorteio e em 2021 não chegamos nem a cinco frases.

Infelizmente morreu a descontração num momento em que o trabalho ainda está bastante tenso.

Apesar de ser uma empresa mista, uma parte privada e uma parte de governo, no ONS gozava-se de uma certa tranquilidade em relação a demissões, mas, quando elas começaram a acontecer eu me perguntava se gostavam do meu trabalho e um dia me atrevi a perguntar a um gerente ou diretor, não lembro bem, se ele achava que eu seria incluído na lista de demissões. A resposta foi categórica: - O dia que você for demitido é porque a empresa está para fechar as portas. Brincadeirinha! Mas essa foi exatamente a resposta que eu precisava ouvir naquela ocasião para levantar o meu astral e me devolver a autoconfiança que andava abalada com tantas contrariedades.

Em nossa gerencia, além de recursos hídricos também existem atividades relacionadas com a meteorologia. No começo, em 2000, se fez um contrato com o CPTEC/INPE para o recebimento pelo ONS de previsões meteorológicas e climáticas que permitiram elaborar as previsões de precipitação média por bacia hidrográfica. Tinha-se acesso também a um sistema de detecção de queimadas por conta das linhas de transmissão e utilizava-se o sistema METPRO na elaboração dos produtos. A partir de 2001 passou-se a adquirir observações do METAR e do SYNOP também acontecendo o desenvolvimento da base de dados para armazenamento desses produtos recebidos. Ainda em 2001 aconteceu o I ELETROMET (Seminário de Meteorologia aplicada ao Setor

Elétrico) e o Workshop de Metodologia para Previsão de carga. Em 2002 passou-se a receber imagens do satélite GOES2 atarvés de contrato com Furnas. Em 2010 o software LEADS passou a substituir o METPRO nos processos e em 2014 entrou em operação o SIMONS (Sistema de Aquisição, Análise e Consolidação de dados Meteorológicos).

Evolução nos modelos e insumos

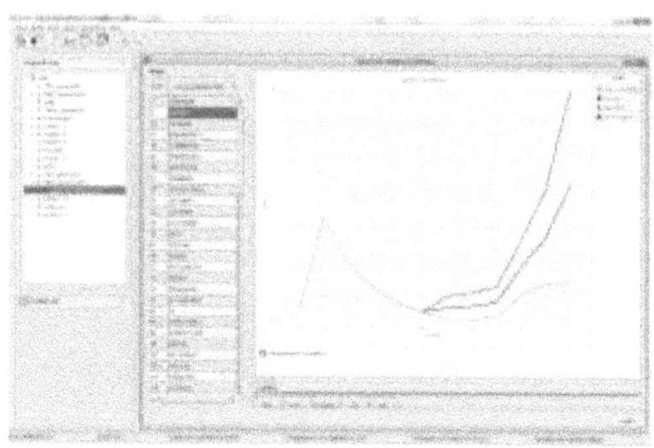

Em 2004, a Gerência de Recursos Hídricos e Meteorologia do ONS, entendendo que este não poderia mais continuar a consumir somente modelos estocásticos que se baseasse na tendência e no histórico passado, sem que se agregasse nenhum dado ou informação nem de precipitação nem de clima, abriu um processo concorrencial de modelos de previsão de vazões para 4 trechos de bacias importantes para o SIN.

Dessa concorrência receberam convite 38 empresas, entre universidades, centros de pesquisa e empresas de consultoria. Somente 14 empresas acabaram encaminhando um total de 41 propostas no total para as diversas bacias hidrográficas. Das propostas encaminhadas foram vencedoras o modelo MGB-IPH desenvolvido pela empresa RHAMA do professor Tucci da UFRGS-RS para a bacia incremental entre Itumbiara e São Simão, o modelo Fuzzy Recorrente desenvolvido pela UFF-RJ para a bacia hidrográfica do rio Iguaçu, o modelo SMAP-MEL desenvolvido pela USP para a bacia incremental a Itaipu, que combinava modelo chuva-vazão semi-distribuído com um modelo estocástico multivariado. O quarto trecho ficou de ser escolhido e desenvolvido mais adiante. Os vencedores dos testes que foram feitos nas dependências do ONS entregaram versões que foram integradas aos processos e bases de dados do operador.

Em 2012 tive o privilégio de coordenar e organizar a publicação de inúmeros artigos simultaneamente, todos sobre os modelos de previsão de vazões que haviam sido testados no ONS, na Revista Brasileira de Recursos Hídricos – RBRH. O exemplar não foi exclusivo do ONS, mas nos deu visibilidade diante do meio acadêmico e no seleto ambiente de recursos hídricos.

Foi a partir dessa experiência que o ONS entendeu que seria interessante partir para o desenvolvimento de uma tecnologia baseada em modelo chuva-vazão própria enriquecendo bastante a metodologia criando o modelo que se conhece como SMAP-ONS que possui muitas vantagens. Apresenta um aprimoramento do modelo SMAP (chuva-vazão) bastante conhecido, inserindo uma rotina diferenciada de propagação, uma metodologia de obtenção e agregação da chuva e o uso de combinação de modelos numéricos de previsão de precipitação.

Iniciou-se sua calibração para diversas bacias, as mais importantes do SIN e dentro em breve teremos o país inteiro coberto por esse modelo de previsão cujos resultados para a primeira semana são bastante satisfatórios na maior parte do ano. Encontra-se em estudo também a sua ampliação para um prazo maior de dias à frente diante que se utiliza hoje que não passa de um modelo estocástico sem informações de previsão de precipitação.

A partir de 2013, a retomada do funcionamento de um simulador hidráulico, o Hydroexpert, permitiu não só a implantação do processo de validação hidráulica do programa diário de defluências - PDF, por mim iniciado e estruturado, mas também, o seu uso nas análises de comportamento futuro dos armazenamentos diante de diferentes cenários de afluências e de políticas energéticas. O simulador também permitiu dar respostas para as diferentes problemáticas de uso da água em situação tanto de enchentes quanto de escassez de recursos hídricos. Até o momento de minha aposentadoria fiquei á frente da implantação no ONS do simulador hidráulico, instigando as equipes a ampliarem a sua utilização promovendo sempre aperfeiçoamentos para melhor retratar um SIN que fica mais complexo de operar cada dia que passa. O uso do simulador permite conhecer a qualidade dos dados recebidos pelo ONS e com os quais se trabalha e se constitui numa excelente plataforma de estudos para o aprimoramento desses dados. Algumas perguntas poderiam ser mais bem refeitas e refletidas como:

- É melhor utilizar tabelas de pares de pontos tanto para representar o reservatório a montante quanto para o trecho a jusante, ou curvas onde a representação é feita através do uso de polinômios de quarto grau, quando se sabe que pelo menos a jusante teria que ser pelo menos exponencial?

- É melhor utilizar uma curva-colina para representar a função de produção de uma usina ou deve-se trabalhar com um valor representativo constante como se não houvesse diferença para os mais diversos estados operativos das usinas hidroelétricas?

- A perda no circuito hidráulico descrita em todos os livros como uma constante que multiplica a vazão turbinada ao quadrado, pode continuar a ser representada como um valor constante em metros ou ainda como um percentual da queda?

Os dados básicos sempre foram relegados a um segundo plano no âmbito das empresas. As pessoas não questionam a qualidade dos dados com que se trabalha e pouco se trabalha com a análise dos dados recebidos e utilizados para correção de sua qualidade. Provavelmente acredita-se que esse ganho de qualidade nos dados básicos trará pouco ganho na operação do SIN.

Por outro lado, o uso do simulador hidráulico ainda parece um mito dentro da empresa. Há quem adora suas facilidades de exportação e importação de dados, conexões com bases de dados ou arquivo gerados pelo ONS em seus processos, seu curtíssimo tempo de resposta e sua interface amigável e intuitiva, mas existem muitas pessoas que preferem usar suas próprias planilhas para resolver seus problemas e tentar dar respostas. Além de demorar muito mais para elaborar as planilhas, para termos a segurança de que estaremos utilizando todas as variáveis necessárias, muitas vezes essas simulações e as demandas vão se tornando tão complexas que até mesmo o autor acaba tendo dificuldades em seu uso principalmente num retorne de férias ou de longa ausência por algum outro motivo. Fica difícil uma outra pessoa entender o que foi feito. E não se criam soluções mais padronizadas para que todos possam compreender. Não tem jeito, numa empresa com muitos engenheiros todos se acham em condições de dar resposta a tudo, cada qual à sua maneira. Inovar é para poucos e sair de sua zona de conforto é mais difícil ainda, aprendendo coisas novas utilizando técnicas modernas e muita criatividade. Consigo identificar muito colegas com essa grande capacidade criativa. O simulador hidráulico é mesmo um caso típico da frase "ame-o ou deixe-o".

Ao longo de minha vida no ONS capacitei diversos técnicos em quase todas as áreas do ONS desde o Planejamento, Programação e as áreas de Tempo Real chegando a mostrar sua utilização para alguns agentes de geração.

Em minha trajetória no ONS, dei algumas aulas na UFRJ, a convite da Professora Heloísa Firmo a quem agradeço a oportunidade de contato com o meio acadêmico. Consegui exercer a coorientação de alguns alunos da UFRJ quanto a trabalhos de final de curso, os famosos TCC – Trabalho de Conclusão de Curso. Dentre estes alunos cabe inserir dois depoimentos deles sobre a época em que trabalhamos juntos com o Hydroexpert:

- Guilhon, eu acho muito legal o seu entusiasmo com o trabalho (e eu acabava vendo mais a parte de hidrologia) e como você transparecia isso ao ensinar. Você também gostava bastante de ajudar e passar o que sabia. Isso me ajudou muito e me deixou mais empolgada com as tarefas. (Erica Couto Pereira dos Santos).

- Fui estagiária no ONS durante meu último ano de faculdade e buscava aprender ao máximo sobre gestão de recursos hídricos e de reservatórios. Não é à toa que fui adotada pelo Guilhon, que tem o grande dom de ensinar com empatia. Guilhon ouvia minhas ideias bagunçadas e me ajudava a traduzi-las e conectá-las com a prática do estágio e com as matérias que ainda cursava na faculdade, construindo comigo a minha paixão pela área que escolhi.

O que mais admiro nele é sua energia e capacidade de se entusiasmar com a empolgação e ideias de seus estagiários ou alunos, entusiasmo esse que o levou a aceitar o desafio de co-orientar meu TCC a jato, escrito em 55 dias. Lembro de estar empacada durante a elaboração de estudo de caso, os dias passando e eu estagnada. Estava com medo de estar "decepcionando" meus orientadores, já que não conseguia mais avançar de jeito nenhum.

Lembro de ter sido um dia super atolado no trabalho, cheio de reuniões, e Guilhon sendo muito solicitado. Mesmo assim ele veio sorrindo, com nenhuma pressa, e me ouviu até o final. Entendeu meu choro. Compreendeu minha angústia e me consolou sem diminui-la. Entendeu onde eu empacava, mas me mostrou que "o trabalho estava pronto!" e finalmente eu entendi o que precisava ser feito.

Esse momento foi crucial para que o trabalho pudesse ser de fato terminado! Talvez ele não faça ideia do quanto esse dia e essa atenção significou para mim. Existem técnicos excelentes que esquecem de ser pessoas. Definitivamente o Guilhon não é desses. Eu não imaginava que era possível ficar tão orgulhosa de um trabalho como eu fiquei desse TCC e da parceria incrível com Guilhon e Heloisa Firmo, minha orientadora acadêmica. E obviamente, com essa equipe incrível, ele foi nota 10 (Mariana Argento Nunes).

Diversas dificuldades são encontradas pelo ONS em sua trajetória e tenho a destacar algumas delas de difícil solução:

- Operar o SIN com as usinas hidroelétricas localizadas em bacias hidrográficas da Região Amazônica, com reservatórios muito próximos como são o caso das UHE Cachoeira Caldeirão, Coaracy Nunes e Ferreira Gomes no rio Araguari – AP, Sinop e Colíder no rio Teles Pires, dentre outras, requer uma coordenação atenta à operação conjunta e a implantação de esquemas especiais de comunicação para evitar maiores surpresas.

- Operar o SIN com reservatórios nos quais há desvios de água que obedecem a regras especiais como a velocidade da água para navegação a ser respeitada pelo desnível entre as UHE Ilha Solteira e Três Irmãos ligadas pelo canal Pereira Barreto, ou então, o desvio de água da UHE Pimental para geração em Belo Monte, água que pode ir e voltar dependendo do nível neste último reservatório, requer um olhar muito apurado sobre os dados e um recebimento e verificação contínuo desses dados.

- Operar o SIN na presença de Agentes de Geração que possuem equipes de hidrologia cada vez menores e com menos experiência traz para o ONS uma responsabilidade ainda maior para que tudo funcione a contento.

- Operar o SIN com um número cada vez maior de restrições operativas hidráulicas, algumas delas não reavaliadas, não existentes ou até mesmo declaradas no início da operação dos reservatórios.

- Operar o SIN com um número cada vez maior de fontes intermitentes, sem que haja mecanismos de armazenamento de energia para esses momentos de interrupção na geração requer muita habilidade na decisão das demais fontes energéticas.

Gestão de Recursos Hídricos

A Gestão de Recursos Hídricos, inicialmente pautada quase que exclusivamente no Plano Anual de Prevenção de Cheias e na administração das restrições operativas hidráulicas impôs ao ONS mais recentemente, a partir de 2010 a necessidade de ampliar sua participação em ambientes de gestão. Tivemos que aprender a negociar nossas convicções nos mais diferentes fóruns, fazer estudos técnicos para embasar nossas teorias e premissas, sendo criativos nas abordagens e apresentações.

Em relação ao Controle de Cheias cabe destacar que não passamos por cheias muito sérias nas bacias onde o Setor Elétrico poderia contribuir com a atenuação delas, com a alocação de espaços vazios em seus reservatórios (denominados volumes de espera). Somente lembro de dois eventos com vazões mais elevadas. O primeiro foi no período úmido de 2006/2007 quando em 17/01/2007 chegou-se a obter em Jupiá a uma vazão natural diária de 24.675 m³/s quando a restrição de vazão máxima é de 16.000 m³/s, praticando-se uma defluência máxima de 17.101 m³/s no dia 12/02/2007 com um pico horário de 17.779m³/s no dia 19/02/2007. Foram momentos bastante tensos nos quais fazíamos teleconferências diárias com os Agentes da bacia hidrográfica do rio Paraná para decidir as defluências a serem praticadas. Ainda não existiam recursos mais modernos de comunicação. O segundo episódio de controle de cheias no qual atuei um pouco mais foi no período úmido de 2010/2011 quando a vazão natural média diária na UHE Jupiá chegou a 23.686 m³/s no dia 09/03/2011, que caiu exatamente na Quarta-Feira de Cinzas. O colega Paulo Diniz, que sempre estava junto nesses episódios de controle de cheias, havia tirado férias e nosso diretor, Francisco Arteiro, avisou que se a defluência ultrapassasse os 16.000m³/s poderia me preparar pois o escalado para ir a campo junto com engenheiros da Cesp, acompanhar de perto essa enchente, seria eu. Como acredito em Deus e tenho sempre muita fé a defluência máxima praticada foi de 15.978 m³/s no dia 22/03/2011, com uma vazão horária de pico de tímidos 16.097m³/s no dia 20/03/2011. Decidiram que, como a perspectiva era de que as vazões começassem a diminuir não valeria a pena me mandarem a campo já que não haveria o benefício de observar o rompimento de uma restrição por um período maior de dias como havia sido no episódio narrado anteriormente. Amém!

Ainda em relação ao Controle de Cheias, no dia 15/01/2016 a restrição de vazão máxima defluente na UHE Barra Bonita, localizada na cabeceira da bacia hidrográfica do rio Tietê, que até então era de 2.100m³/s, foi ultrapassada chegando a um pico de 2.870m³/s no mesmo dia, voltando a ficar inferior à restrição somente a partir do dia 19/01/2016. Em virtude disso, sem recursos para controlar essa subida não prevista nas vazões afluentes e ainda sem modelo de previsão de vazões calibrado para aquela bacia, constatou-se que a restrição poderia ser relaxada para 2.300m³/s o que acabou sendo declarado pelo Agente responsável ficando a valer como novo valor de restrição de defluência máxima. Na figura 2 observa-se o gráfico com as defluências praticadas na UHE Barra Bonita entre os dias 15/01/2016 e 19/01/2016.

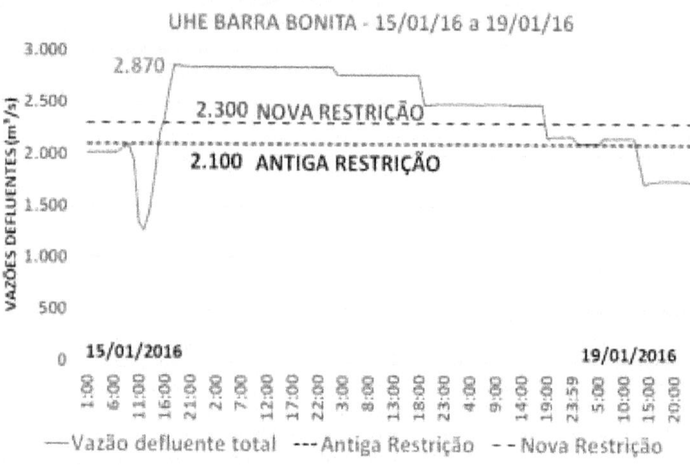

Figura 2 – Defluencias na UHE Barra Bonita entre 15/01/16 e 19/01/16

Em 2018 realizou-se um estudo para revisão da restrição de 16.000m³/s em Jupiá no qual se chegou à conclusão que uma defluência de 17.000m³/s praticada em 2011 não ocasionou grandes impactos a jusante, entretanto a empresa responsável, CTG-Brasil, não se sentiu confortável para alterar o valor já estabelecido e utilizado pelo Setor Elétrico por vários anos consecutivos.

Apesar dos assuntos ligados ao Controle de Cheias terem perdido importância diante do contexto da crise hídrica atual, sabemos que a maior cheia histórica pode sempre acontecer a partir do próximo período úmido e para isso precisamos sempre estar preparados e com os volumes de espera sempre calculados e sendo utilizados.

A participação do ONS em ambientes de gestão, principalmente em Comitês de Bacia nem sempre era vista com bons olhos uma vez que não se trata nem de usuário da água por não possuir outorga, nem de sociedade civil, nem entidade governamental. Na verdade, exerce um pouco de cada um dos papéis. Apesar disso, aos poucos tanto os Comitês quanto a sociedade começaram a entender sobre a importância de suas funções.

Inicialmente a participação do ONS aconteceu a partir da representação como usuários da água no Comitê da Bacia Hidrográfica do rio Guandu onde se localiza a retirada de água para o abastecimento do Rio de Janeiro, em esquema de revezamento com a Light a cada novo mandato. Também começaram a acontecer algumas participações pontuais no Comitê de Integração da Bacia Hidrográfica do Rio Paraíba do Sul – CEIVAP e no O Comitê da Bacia Hidrográfica do Rio São Francisco – CBHSF. Nossa participação como membro titular no Comitê do rio Guandu se traduziu muito mais na experiência participativa com outros membros de diferentes categorias na negociação de alternativas de implementação do que em resultados propriamente dito uma vez que a contribuição energética daquela bacia não era representativa. Participamos da elaboração do Estatuto do Comitê e de sua criação. O ONS esteve presente naquela no Comitê daquela bacia hidrográfica entre os anos de 2003 a 2008.

Entretanto os baixos armazenamentos na vizinha bacia do rio Paraíba do Sul trouxeram um sinal de alerta que acabou levando a Agência Nacional de Águas - ANA a publicar a Resolução 211/2003 determinando as defluências mínimas dos reservatórios daquela bacia de modo a tentar promover sua recuperação. Desse modo, em 07/10/2003 o armazenamento equivalente da bacia do rio Paraíba do Sul ainda chegou a atingir seu menor valor histórico naquela ocasião com 14,2%.

Ainda em 2004 houve necessidade de reduzir as defluências ainda mais nos reservatórios daquela bacia, porém, com afluências naturais em torno da média nos meses de janeiro a março e bem acima da média nos meses de abril e maio os reservatórios iniciaram sua recuperação chegando a ultrapassar os 50% de armazenamento equivalente. Chegou-se ao final do período úmido de 2009/2010 a 100% de armazenamento.

Em 2010, entendendo que a necessidade de atualizar as curvas cota-área-volume dos reservatórios das usinas hidroelétricas em operação e determinar um número mínimo de estações fluviométricas, pluviométricas, sedimentométricas e linimétricas a serem instaladas a montante e jusante desses reservatórios a Agência Nacional de Águas e Saneamento Básico - ANA e a Agência Nacional de Energia Elétrica publicaram a Resolução Conjunta Nº 003/2010 estabelecendo critérios para a implantação de uma rede mínima de estações e determinando os prazos necessários à revisão das curvas cota-área-volume dos reservatórios.

Entretanto, tiveram que conviver com um grande atraso por parte das empresas de geração na sua adequação para a implantação dessa rede mínima e à revisão dessas curvas. Os primeiros dados oriundos desse trabalho, somente chegaram ao ONS em 2020 e ainda assim houve um relaxamento com relação à manutenção de um marco referencial para os níveis que pudesse ser diferente e próprio para cada reservatório não sendo utilizado mais o marco IBGE como referência única. Esse fato ainda poderá trazer grandes transtornos e dores de cabeça ao Setor Elétrico para a adequação dos modelos hidrológicos e energéticos.

A partir do ano 2014 foi criado um Grupo de Trabalho da Operação Hidráulica dentro do CEIVAP para o monitoramento dos reservatórios. Passando a bacia novamente por anos com *déficit* hídrico bastante intenso como 2013 e principalmente 2014 chegou-se a um armazenamento de 0,3% em fevereiro de 2015 com os reservatórios de Paraibuna e Santa Branca sendo operados abaixo do nível mínimo operativo. Outras resoluções foram publicadas reduzindo novamente as defluências de forma temporária para tentar recuperar os armazenamentos, sendo que em março de 2017 chegou-se a 66,88% de armazenamento. Em julho desse mesmo ano, criou-se o grupo denominado GAOPS, composto pelas entidades de gestão de recursos hídricos dos três estados, MG, SP e RJ, a partir da crise hídrica em São Paulo que havia se iniciado uns anos antes e que demandou dentre outras ações um bombeamento do reservatório de Jaguari, no Paraíba do Sul num valor em média em torno de 5m³/s.

A bacia do rio São Francisco havia passado por dois anos consecutivos, 2014 e 2015 com vazões naturais extremamente baixas chegando a um armazenamento ao final de 2015 de cerca de 4,3%. Instituiu-se então em janeiro de 2017 uma sala coordenada pela ANA denominada de "sala de crise", na qual os diferentes usuários, governos e entidades relacionadas com a bacia hidrográfica traziam suas demandas, suas necessidades e impunham um novo estilo de gestão negocial. No âmbito dessa sala foram discutidas também as premissas que fundamentaram a Resolução ANA 2081/2017 com regras operativas para os reservatórios da bacia do rio São Francisco, dividindo os reservatórios de Sobradinho e Três Marias em faixas de operação criando os estados normal, atenção e restrição e sinalizando quais são os limites de defluências mínimas e máximas de cada faixa. Essa resolução somente entrou em funcionamento essa em maio de 2019 após a ANA indicar que a bacia havia recuperado a sua condição de normalidade.

Lembro bem do processo de gestão compartilhada dos condicionantes da bacia hidrográfica no qual em determinados momentos em relação ao reservatório de Três Marias houve demanda de pescadores no lago formado por aquele reservatório para que a vazão defluente fosse reduzida em função de auxiliar na acumulação de água evitando assim a mortandade de peixes. Na mesma ocasião houve demandas de usuários a jusante para pesca e principalmente para irrigação que solicitaram que as defluências fossem aumentadas para contribuir com a melhoria da qualidade e quantidade de água. O projeto Jaíba se intitulou como o maior celeiro de sementes do Brasil e fica localizado a jusante da UHE Três Marias. Essas discussões de usuários de montante com os de jusante, colocou o ONS pela primeira vez fora do papel de vilão e passou a implementar as políticas determinadas pelo resultado das discussões e negociações entre as partes. O mundo da gestão de recursos hídricos tem suas nuances e é preciso manter a inteligência emocional bem acesa para não sermos reativos de imediato às propostas colocadas à mesa e ter velocidade de raciocínio aliado a boas ferramentas de suporte à decisão que permitam realizar avaliações expeditas sobre os impactos das diferentes políticas em prazos mais longos. Foram decididas inúmeras reduções de defluências tomando-se como ponto de referência a UHE Xingó, na qual chegou a ser praticada uma defluência de 550m³/s em 2018.

Salvo algumas poucas exceções quando a crise hídrica afeta a bacia do rio São Francisco a bacia vizinha do rio Tocantins também acaba sentindo seus efeitos devastadores e assim, vivenciou-se os anos de 2015 e 2016 com vazões naturais médias anuais abaixo de 40% da média de longo termo - MLT. Nesse sentido, criou-se também em janeiro de 2017 a sala de crise da bacia do rio Tocantins para tentar reverter o processo de diminuição a cada ano no armazenamento máximo alcançado pela bacia que já se prolongava desde pelo menos o ano 2012. Várias resoluções autorizaram a redução das defluências mínimas no reservatório da UHE Serra da Mesa localizado no trecho mais a montante da bacia, chegando-se a praticar uma defluência mínima de 100 m³/s em substituição aos 300 m³/s que vinham sendo mantidos desde 2004. Mais recentemente foi criada uma regra operativa para a bacia hidrográfica através da Resolução ANA 070/2021 que deverá entrar em vigor em dezembro de 2021. Ainda assim, entende-se que mesmo com essa regra operativa constituída para a operação da

UHE Serra da Mesa, a recuperação de seu armazenamento está bastante relacionada às vazões naturais afluentes que ocorram no período hidrológico.

A terceira sala de crise a ser instituída, ao final de 2017, foi a da hidrovia Tietê-Paraná, responsável pelo escoamento de grande parte da safra das regiões Sudeste e Centro-Oeste para os portos do país e para seu abastecimento internos ao Brasil e para viabilizar a exportação ao exterior. Entre janeiro de 2014 e janeiro de 2016 a UHE Ilha Solteira operou com um nível abaixo da cota 325,40 metros, que seria o nível mínimo para que pudessem operar os comboios com os grãos sem restrições. A navegação foi sendo limitada primeiramente na seleção das embarcações que suportariam níveis mais baixos e depois com a interrupção dos serviços. A crise hídrica que afetou as bacias do Norte e Nordeste chegara ao Sudeste/Centro-Oeste também. O impacto dessa interrupção se dá nos preços dos bens agrícolas pois a alternativa era o transporte integralmente terrestre com um custo bem mais elevado.

Em janeiro de 2018 instituiu-se a quarta sala de crise que na verdade era uma sala de crise por excesso de água e não por deficiência hídrica. Foi a sala da bacia do rio Madeira, afluente do rio Amazonas que se forma a partir de rios da Bolívia, do Peru e do Brasil, percorrendo o Estado de Rondônia, passando por Porto Velho e sendo navegável até Manaus. O excesso de água naquele rio, que possui esse nome porque seu histórico papel era de transportar troncos de madeira ao longo de seu percurso, ocasionava inundações que comprometiam alguns trechos da rodovia BR-364 que quando inundada poderia deixar o Estado do Acre totalmente isolado em termos de abastecimento. Em 2014 a vazão natural na UHE Jirau havia chegado a quase 60.000m³/s e em seguida em 2015 chegou-se a quase 40.000m³/s por duas vezes no mesmo período hidrológico, sendo que acima de 33.650m³/s são necessárias providencias no sentido de rebaixar o reservatório desse usina hidroelétrica para garantir o fluxo na BR-364 com alguma folga. Durante esses anos de 2014 e 2015 as usinas de Santo Antônio e Jirau na bacia do rio Madeira encontravam-se ainda motorizando, ou seja, entre 2012 e 2016 foram entrando em operação as 100 máquinas que totalizam as duas usinas disponibilizadas para geração de energia. Operar estas usinas sob pressão de não inundar a BR-364 e ainda acompanhar a entrada de cada máquina nova ao circuito de geração foi bastante difícil, todo tinha que ser acompanhado de forma constante e foi uma inovação e um aprendizado para o ONS. Em 2018, após as usinas estarem com todas as suas máquinas e diante da perspectiva de que a vazão natural afluente a Jirau chegasse a quase 40.000m³/s novamente, instalou-se então essa sala de crise da bacia do rio Madeira.

Levando-se em conta a situação de baixíssimo armazenamento ao final do ano 2018 na bacia hidrográfica do rio Paranapanema, no início de 2019, estabeleceu-se a sala de crise daquela bacia que viria ser a quinta sala estabelecida. Sob a coordenação da ANA e com a participação do Setor Elétrico, de entidades regulamentadoras e usuários da água dos Estados do Paraná e São Paulo houve um monitoramento da precária situação hidrológica da bacia que vem se perpetuando ano traz ano. Foram promovidas reduções nas defluências mínimas de vários reservatórios, dentre os quais está a UHE Jurumirim que somente poderia defluir 147m³/s e obteve da CETESB a autorização para a prática de até 60m³/s. Ainda assim, o armazenamento não consegue alcançar uma recuperação significativa devido às condições hidrológicas persistentemente negativas. Novamente, mesmo com uma política de defluência mínima estabelecida em sala de crise percebe-se que a recuperação do armazenamento dos reservatórios na bacia do Paranapanema é lenta devido às baixas vazões naturais que persistem em se manifestar. Já se iniciaram reuniões para a determinação de uma regra operativa para os reservatórios da bacia do rio Paranapanema, a exemplo do que fora nos rios Paraíba do Sul, São Francisco e Tocantins.

Com as lições aprendidas em salas de crise, em 2020 as afluências naturais das bacias do Sul foram francamente desfavoráveis e acabou se criando a sexta sala de crise para as bacias do Sul que acompanhou as angústias de operar vários de seus reservatórios somente pelos vertedouros sem gerar nenhum MW e em alguns casos operando até em níveis abaixo do mínimo, como foi o caso de Machadinho e outros com níveis muito próximos a 0% de armazenamento. Novamente em 2021, excetuando-se janeiro e fevereiro, quando houve ocorrência de precipitação significativa, atravessa-se um ano bastante deficitário em termos hidrológicos persistindo desse modo a presença da sala de crise.

Também em 2020 surgiu a sala do rio Paranaíba que se constituiu como uma sala de acompanhamento e de observação de diminuição das vazões naturais que se prolongou por muito tempo chegando a afetar o armazenamento observado no ano 2021.

Por último, mas não menos importante surgiu também em 2020, a sala de crise da bacia do rio Grande na qual a sociedade retomou a discussão de limitar as defluências máximas para as UHEs Furnas e Mascarenhas de Moraes (Peixoto) para auxiliar em seu armazenamento. Mesmo que por um tempo menor essa limitação impediu o ONS de utilizar plenamente os recursos energéticos dessas duas usinas. Entretanto o prolongamento dessa limitação comprometeria o atendimento eletroenergético do SIN.

A gestão de recursos hídricos nas salas coordenadas pela ANA tornou-se um grande desafio para a equipe do ONS. Para tal, aconteceram diversos aprimoramentos no simulador hidráulico Hydroexpert passando a ser utilizado fortemente como ferramenta de suporte à decisão. Passou-se a utilizar as previsões de vazões utilizando o modelo chuva-vazão SMAP-ONS alimentado por previsões de precipitação oriundas de três modelos numéricos (ETA, GEFS e ECMWF) para um horizonte de até 10 dias, complementado com os resultados somente do modelo numérico europeu ECMWF para um horizonte estendido de até 45 dias à frente.

A incorporação do modelo europeu ECMWF foi considerada essencial por ter um desempenho comprovadamente bom em diversas bacias hidrográficas e em diversos momentos do hidrograma. Nossas análises passaram a ter resultados cada vez mais comprometidos com o comportamento real dos aproveitamentos nas bacias hidrográficas.

Operando em tempos de crise

A operação do Sistema Interligado Nacional - SIN, vem se modificando através dos anos, com o acréscimo, mesmo que tímido, de algumas hidrelétricas, em sua grande maioria a fio d´água, ou seja, sem reservatórios de regularização, a entrada de algumas novas termoelétricas, principalmente a gás, e também o aumento significativo da participação de geração a partir de fontes alternativas, principalmente no que diz respeito às eólicas e solares.

As usinas hidroelétricas, que tem sua capacidade de regularização cada vez mais reduzida, tornam-se, na medida em que o tempo passa, fortemente dependentes do período hidrológico estabelecido pela natureza, ou seja, ficam sempre na dependência de vazões naturais mais elevadas para contar com recursos para a sua geração de energia. A própria regularização destes reservatórios vem sendo dificultada por inúmeras restrições operativas hidráulicas que surgem a cada instante por conta de usos múltiplos das águas. A irrigação, a navegação com transporte fluvial de produtos do agronegócio, o abastecimento de cidades e campos, a pesca, o turismo e lazer, as procissões fluviais, o esgotamento sanitário e a poluição dos rios, tornam-se temas impactantes que demandam das usinas hidrelétricas vazões e níveis mínimos cada vez maiores e vazões e níveis máximos cada vez menores. Estes reservatórios, que foram concebidos e construídos e autorizados pelo documento de outorga para operarem dentro de seus limites operativos máximo e mínimo, passam a não poder excursionar livremente e tem a sua capacidade de regularização diminuída. Ninguém compensa o Setor Elétrico por ter que respeitar essas novas limitações. É como se uma pessoa comprasse uma bicicleta e alguém um belo dia lhe dissesse: - Agora você só pode andar sobre a roda traseira. Pode isso?

Existem também alguns reservatórios com alguma capacidade de regularização que poderiam ter entrado em operação, mas isso não aconteceu. Cito como exemplo o reservatório da UHE Bocaina que poderia ocasionar uma regularização em toda a cascata do rio Paranaíba até Itaipu. Por que motivo foi leiloada duas vezes e não houve candidatos?

Por outro lado, as usinas eólicas são bastante promissoras, pois tem seu funcionamento inversamente sazonal em relação às hidroelétricas, ou seja, onde estão instaladas atualmente, de forma grosseira, quando chove, não venta e quando venta, não chove. Durante os meses de junho a setembro, quando a ocorrência de precipitação diminui nas principais bacias do SIN e as hidroelétricas ficam com menos disponibilidade hídrica é quando as eólicas geram mais energia que em sua maioria está localizada nos Estados da região Nordeste. As maiores médias mensais de geração eólica são alcançadas quase sempre nos meses de julho ou agosto. Por outro lado, entre os meses de dezembro a março, quando ocorrem valores significativos de precipitação e os reservatórios das hidroelétricas recebem essa recarga de água a produção de energia eólica fica mais escassa. Em compensação trabalha-se o tempo todo com a incerteza na previsão de vento e com o fato desta energia não ser estocável a não ser que se comece a investir fortemente em meios de armazenamento para estocar energia, como as baterias.

Há vários anos, quando fiz o curso de Fontes Alternativas e Economia de Energia em Turim, na Itália, observei na ocasião que as usinas eólicas em alguns países da Europa naquela ocasião entravam para operar e tinham sempre uma termoelétrica prevista para complementar sua geração quando a intensidade e duração do vento diminuísse por algum motivo. Não sei se ainda hoje ocorre isso, mas sei que no Brasil isso não parece bem verdade e assim sendo quando vento diminui os técnicos de tempo real do ONS tem que "se virar nos 30" para arrumar aquela geração necessária noutra fonte que via de regra acaba sendo alguma hidroelétrica.

As usinas solares, cuja geração em 2020 foi da ordem de 10 (dez) vezes menor que a geração oriunda das eólicas, também tem sua sazonalidade bem definida e haveria uma geração mais intensa com quebra de recordes no verão. Entretanto, como seu porte instalado é bem menor, acaba tendo uma elevação devido ao aumento da disponibilidade da capacidade instalada. Tampouco possuem geração firme ou geração de forma permanente e assim sendo precisam ser complementadas por outro tipo de geração quando anoitece e a energia gerada pelo sol enfraquece sua contribuição até desaparecer.

Operar um sistema com fontes de energia intermitentes e até com geração distribuída é um grande desafio para o ONS ainda mais com hidroelétricas com cada vez menos capacidade de regularização. Ficamos na dependência de vazões muito favoráveis para termos uma garantia de elevada produção energética.

Como se viu no capítulo de Gestão de Recursos Hídricos, são múltiplas e consecutivas as crises hídricas em diferentes bacias hidrográficas no SIN. Nunca imaginei que viveria tempos difíceis como foram as crises hidroenergéticas vividas em 2001 e a atual que persiste ainda em 2021.

Não podemos deixar de observar com preocupação o fato de estarmos atravessando um novo período crítico no SIN. A definição de período descrita no glossário de termos técnicos do ONS residente em sua página eletrônica é: "*Intervalo de tempo correspondente à sequência de vazões do registro histórico, no qual o sistema, considerada constante a configuração de seu parque gerador, de suas interligações e de seu conjunto de reservatórios de armazenamento, passa de seu armazenamento máximo (todos os reservatórios cheios) a seu armazenamento mínimo (todos os reservatórios vazios), sem reenchimentos totais intermediários, atendendo à sua energia firme.*"

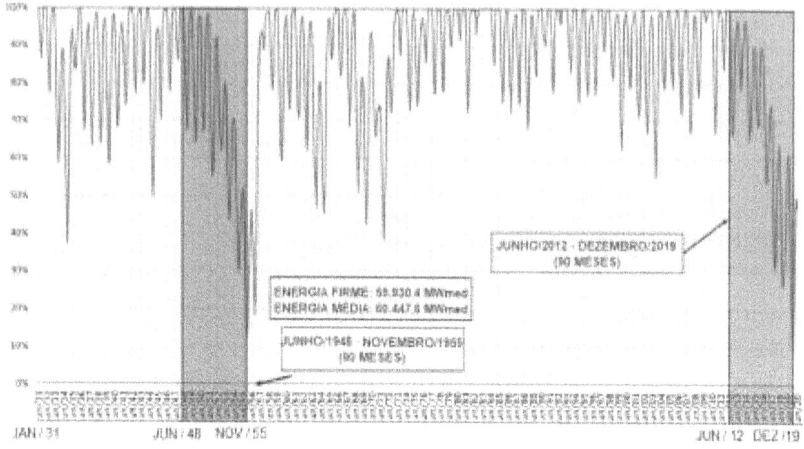

Figura 3 – Evolução da Energia Armazenada – SIN (Fonte: PEN 2020)

A Figura 3 (ONS, 2021a), mostra que entramos, desde 2012, num temido e novo período crítico do SIN, concretamente em 07/2012, porém ainda não temos certeza sobre a sua data final, ou seja, quando poderemos respirar aliviados com a certeza de que verdadeiramente esse período crítico finalizou. Tudo indica que sim. Diante do armazenamento baixo dos reservatórios de quase todas as bacias, acontecendo muitas vezes de forma simultânea e diante de anomalias negativas de precipitação nas principais bacias do SIN, comprovadamente iniciadas em 2012, mais intensificadas em 2014 (COELHO et al, 2015) e com rebatimentos no início de 2015 (CUNHA A.P.M.A. et al, 2019) simultaneamente nas regiões Sul, Sudeste-Centro-Oeste e Nordeste. Assim sendo, cabe ao ONS ser bastante criativo na operação dos reservatórios de geração de energia elétrica, pois as fontes energéticas são limitadas e não se consegue fazer mágica. Além disso, em 2020 tivemos a necessidade de aumentar as defluências a jusante de Itaipu entre os dias 18 de abril a 1º de maio de 2020 de 6.100m³/s para cerca de 6.800m³/s para evitar o comprometimento na captação para abastecimento da cidade de Puerto Iguazu.

Posteriormente a Chancelaria do governo paraguaio junto ao Ministério de Relações Exteriores, fez uma solicitação de nova elevação nas defluências da UHE Itaipu e foi atendida pelo ONS. A nova elevação praticada foi de um aumento nas defluências entre os dias 18 e 29 de maio de 2020 de um patamar de 6.600m³/s para 8.500m³/s para garantir a travessia da safra de grãos do Paraguai.

As duas elevações precisaram não só de elevação nas defluências de reservatórios a montante, mas também implicou numa perda de 0,5 metros no nível operativo da UHE Itaipu passando de 218,50 metros para a cota de 218,00 metros (ONS, 2021c). A construção e consequente entrada em operação de novas alternativas energéticas demandaria para sua entrada em operação pelo menos 12 meses no caso de fotovoltaica ou 18 meses no caso de usina eólica conforme apresentado na Tabela 2 (ANEEL, 2018).

Tabela 2 - Tempo médio de construção de usinas de geração de energia elétrica (Fonte: ANEEL)

TEMPO DE CONSTRUÇÃO DE USINAS DE GERAÇÃO	
Tipo	**Tempo médio**
UHE	45 meses
PCH	29 meses
EOL	18 meses
UTE	24 meses
UFV	12 meses

Além de uma enorme capacidade de sua equipe técnica, o ONS também contou com alguns fatores que indiretamente contribuíram para atenuar os problemas ocasionados pela falta d´água nas bacias hidrográficas do SIN. Podem ser chamados de fatores salvadores e o primeiro deles é a redução na carga de energia prevista para o ano de 2020 e aquela efetivamente ocorrida, conforme apresentado na Figura 4. Observa-se que as maiores reduções ocorreram durante a primeira onda da pandemia da COVID-19 nos meses de abril e maio, sendo que na média anual houve uma redução de cerca de 4.000MWmed, ou seja 5,7%.

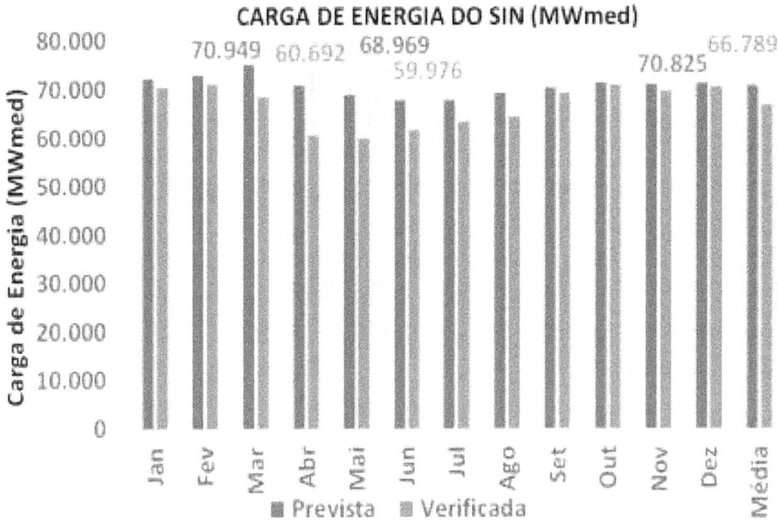

Figura 4 - Carga de Energia do SIN em 2020 - Prevista e Observada - (Fonte: PEN 2020 e www.ons.org.br)

Este fato foi reflexo do isolamento social e diminuição na atividade econômica e forçado pela queda no PIB de 4,1% em 2020 em relação ao ano anterior, com recuos mais expressivos que os dos anos 2015 e 2016, considerados os piores da década até então, sendo que entre os anos de 2017 a 2019 o crescimento do PIB ficou entre pífios 1% e 2% (Ministério da Economia, 2021).

Ainda assim, o fato da estagnação da economia não era suficiente para conter a presença de um aumento na probabilidade que viéssemos a ter dificuldades para o atendimento energético no ano de 2020. Isso levou o ONS a apresentar a real situação energética nas reuniões ordinárias do Comitê de Monitoramento do Setor Elétrico

– CMSE e a negociar providencias heterodoxas para aumentar as garantias de suprimento de energia.

Outro fator importante a ser lembrado é a importação de energia da Argentina numa média de 1.118MWmed e do Uruguai numa média de 180MWmed, ambos no último trimestre do ano 2020 (ONS, 2021b). Essa energia conseguiu ficar disponível para fornecimento ao Brasil o que nem sempre se consegue, pois, os países vizinhos muitas vezes possuem suas demandas e não conseguem liberar valores elevados de energia ao Brasil.

O ONS conseguiu autorização junto ao CMSE o despacho das termoelétricas fora da ordem de mérito passando a geração termoelétrica a um patamar de cerca de pouco mais de 5.100MWmed para valores médios de quase 13.000MWmed (CMSE, 2020), conforme mostrado na Figura 5, onde são apresentados os dados de geração termoelétrica exclusivos de usinas baseadas em energia nuclear, derivados de petróleo, gás e carvão.

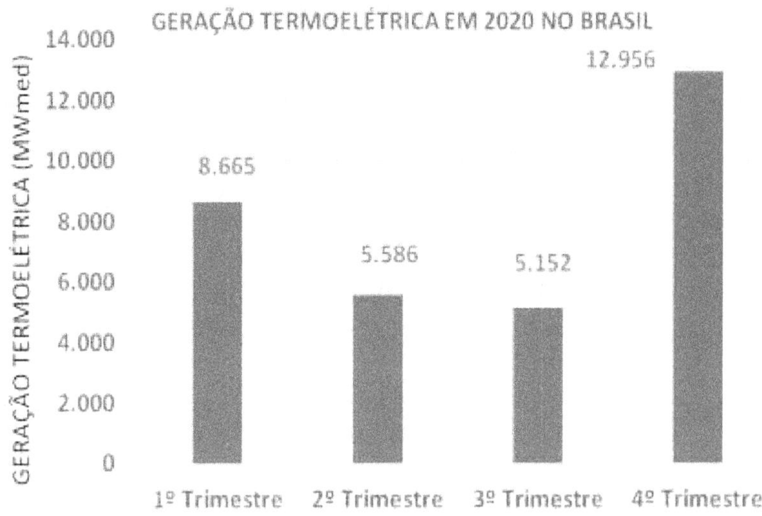

Figura 5 – Geração de Energia Termoelétrica em 2020 - MWmed
(Fonte: ONS - www.ons.org.br)

O fato de se poder usar todas as termoelétricas existentes muitas vezes não consegue auxiliar o atendimento à carga por problemas de limitação na transmissão de energia para outros subsistemas. Não teria sentido reduzir a geração eólica, na ocorrência de ventos, para substituir por geração termoelétrica que é mais cara. Por outro lado, faz sentido ter um sistema de transmissão com capacidade maior, ficando sem uso a maior parte de tempo? Acredito que não. Isso pode trazer segurança, mas não é econômico.

Em 2021, após um período úmido bastante deficitário, com uma Energia Natural Afluente Média entre setembro de 2020 e abril de 2021 sendo a pior de todo histórico de 90 anos, entre 1931 e 2020, a recuperação do armazenamento dos reservatórios foi muito tímida e aquém do que seria necessário para que houvesse um maior conforto na operação do SIN.

O ONS preparou um Plano de Ação estratégico contendo as principais linhas mestras para fazer frente à crise que se apresentava contendo os seguintes aspectos:

- ✓ Aumento da oferta energética.
- ✓ Flexibilização de restrições operativas hidráulicas.
- ✓ Gestão da demanda.
- ✓ Flexibilização de critérios de transmissão.
- ✓ Aumento da importação de energia de outros países.
- ✓ Aprimoramento na resposta dos modelos.
- ✓ Ações de comunicação.

Na segunda quinzena de maio de 2021 os grandes reservatórios de armazenamento do SIN que se localizam no subsistema Sudeste/Centro-Oeste se encontravam na média em cerca de somente 32% de seu armazenamento total, o menor nível de estoque para aquele subsistema dos últimos 10 anos (ONS, 2021d).

A hidrovia Tietê-Paraná, importante via para o escoamento da safra, principalmente de soja e milho, das regiões Centro-Oeste e Sudeste para abastecimento aos grandes centros urbanos consumidores e para acesso aos portos, com o objetivo de exportação ao exterior, tem comprometido o seu nível mínimo para garantia do escoamento dos produtos agrícolas através da navegabilidade com embarcações que tornam esse transporte verdadeiramente atrativo.

Passou-se por um gargalo hidráulico no qual, as defluências mínimas necessárias aos reservatórios das usinas de Jupiá e Porto Primavera, localizadas no curso principal do rio Paraná, que são de 4.000m³/s e 4.600m³/s respectivamente foram flexibilizadas e reduzidas para 3.300m³/s e 3.900m³/s, através de testes com a autorização da ANA e do IBAMA.

Ainda eram necessárias reduções adicionais porque, caso contrário, os armazenamentos dos reservatórios localizados nos rios Grande e Paranaíba, situados nas cabeceiras deverão ficar seriamente comprometidos, assim como os níveis mínimos para o funcionamento da hidrovia Tietê-Paraná.

A Resolução ANA 76/2021 publicada em 24/05/2021 determinou que as vazões mínimas defluentes da UHE Caconde no rio Pardo, que tradicionalmente seriam 32m³/s pudessem ficar em 10m³/s.

Em 27/05/2021 houve uma reunião extraordinária do CMSE na qual houve deliberação em favor de várias medidas para aumentar a segurança hídrica, dentre as quais a redução para valores de 2.300m³/s e 2.700m³/s, nas defluências de Jupiá e Porto Primavera, respectivamente, o qual foi autorizado pela Resolução ANA 77/2021 que declarou situação crítica de escassez hídrica na bacia do rio Paraná. Ainda assim, outras medidas foram tomadas em favor da governabilidade das bacias hidrográficas do SIN.

Dentre outras medidas foram lançadas a Resolução ANA 80/2021 estabelecendo um armazenamento mínimo de 15% para a UHE Furnas e a UHE Mascarenhas de Moraes (Peixoto) até 30/11/2021, a Resolução ANA 81/2021 permitindo uma defluência mínima em Xingó de 800m³/s em junho e julho de 2021 e permitindo aumentar a defluência naquele reservatório até 1.500m³/s em setembro e 2.500m³/s em outubro e novembro do mesmo ano, e a Resolução ANA 84/2021 estabelecendo as cotas de armazenamento mínimo para a UHE Ilha Solteira em 325,00 metros até 6 de agosto de 2021, sendo que o valor mínimo para atender à hidrovia Tietê-Paraná seria de 325,40 metros.

Posteriormente em 28 de junho de 2021 foi publicada a Medida Provisória Nº 1.055 que instituiu a Câmara de Regras Excepcionais para Gestão Hidroenergética - CREG com o objetivo de estabelecer medidas emergenciais para a otimização do uso dos recursos hidroenergéticos. Desse modo essa Câmara passa a ter poderes para modificar as condições operativas hidráulicas nos reservatórios com o objetivo de garantir a continuidade e a segurança do suprimento eletroenergético no País.

Como uma das primeiras atribuições da CREG pode-se citar a determinação da intensificação do rebaixamento do nível mínimo da UHE Ilha Solteira para valores inferiores aos 325,00 metros, num primeiro patamar de 324,40 metros a partir do dia 21/08/2021 e em seguida a 323,00 metros desde o início do mês de setembro. A partir de meados de setembro foi declarado que o valor da cota da UHE Ilha Solteira poderia chegar aos 319,00 metros e de UHE Três Irmãos em 319,77 metros, implicando em sérias limitações na hidrovia Tietê-Paraná para o escoamento da safra de grãos.

A redução nas defluências dos reservatórios de Jupiá e Porto Primavera para economizar os armazenamentos nas cabeceiras somente conseguiu avançar até o mês de agosto de 2021 uma vez que precisou se aumentar a geração novamente por motivos energéticos.

Algumas outras usinas hidroelétricas começaram a testar seus limites mínimos de armazenamento e de defluências, como são os casos da UHE Jaguara no rio Grande e a UHE Miranda no rio Araguari-MG. De modo a conhecer a real limitação das usinas, o ONS solicitou que os Agentes informassem seus níveis mínimos operativos e sobre a possibilidade de operar os reservatórios abaixo desses valores mínimos.

Em sua 5ª Reunião a CREG determinou às concessionárias que operassem os reservatórios até o limite físico de exploração energética, resguardados os usos prioritários da água estabelecidos em lei (leia-se abastecimento humano e dessendentação animal). Com isso foram retiradas inúmeras restrições de níveis mínimos em diversos reservatórios principalmente na bacia do rio Paraná.

Outra medida que possibilitou o aumento de intercâmbio das regiões Norte e Nordeste para as regiões Sudeste/Centro-Oeste e Sul foi a redução do critério de segurança da rede de transmissão de N-2 para N-1 a partir do final de julho de 2021.

Criou-se uma expectativa grande em torno do aumento da importação de energia vinda da Argentina e do Uruguai com o encerramento da temporada de inverno naqueles países que tem sua demanda afetada pelo aquecimento.

Para finalizar a narrativa dos acontecimentos, a ANA, apresentou em outubro de 2021 ao ONS e publicou em sua página eletrônica, um Plano de Contingência que determina as regras operativas para os principais reservatórios de geração de energia para atendimento ao SIN. Este documento, caso não se tenha uma visão mais acertada de futuro poderá trazer conflitos para o suprimento de energia e novamente a necessidade de que estes limites propostos sejam ultrapassados.

Ofertas adicionais de energia se fazem necessárias, principalmente par atender aos horários de maior consumo, considerando que as perspectivas não apontam da direção de uma melhoria na crise hídrica. O uso de baterias, tão condenado pelos ambientalistas por seus componentes na hora do descarte, tornam-se necessárias a firmar essa energia gerada pelas fontes intermitentes de energia, principalmente solar e eólica. Essa discussão foi um carro chefe em algumas mesas do XII Congresso Brasileiro de Planejamento Energético - CBPE realizado em 2020.

Considerando que este documento teve um atraso em sua publicação cabe realizar algumas análises para atualização da situação atual das energias naturais afluentes e energias armazenadas do SIN desde novembro de 2021 até fevereiro de 2022.

O período úmido de 2021-2022 mostrou-se superior ao de 2020-2021 em termos de Energias Naturais Afluentes, sendo que para o subsistema Sudeste/Centro-Oeste entre novembro de 2021 e fevereiro de 2022 ocorreu 99% da Média de Longo Termo (MLT) contra os 66%MLT do período úmido anterior. No Nordeste, onde se encontram também importantes reservatórios de armazenamento ocorreu 119%MLT contra os 56% ocorridos no período úmido anterior. Este fato dentre outros levou a uma recuperação dos armazenamentos nesses dois importantíssimos subsistemas do SIN.

Entende-se pelo gráfico apresentado na Figura 6 que tanto para o subsistema Sudeste/Centro-Oeste (SE+CO) quanto para o subsistema Nordeste (NE) iniciou-se um período úmido em novembro de 2021 com níveis de armazenamento inferiores aos que haviam ocorrido em novembro de 2020, início do período úmido anterior com valores em cerca de 18% e 37% respectivamente. Entretanto a recuperação dos armazenamentos foi significativa passando ao final de fevereiro de 2022 para quase 82% no Nordeste contra menos de 59% em 2021 e quase 58% no Sudeste/Centro-Oeste contra menos de 30% em 2021.

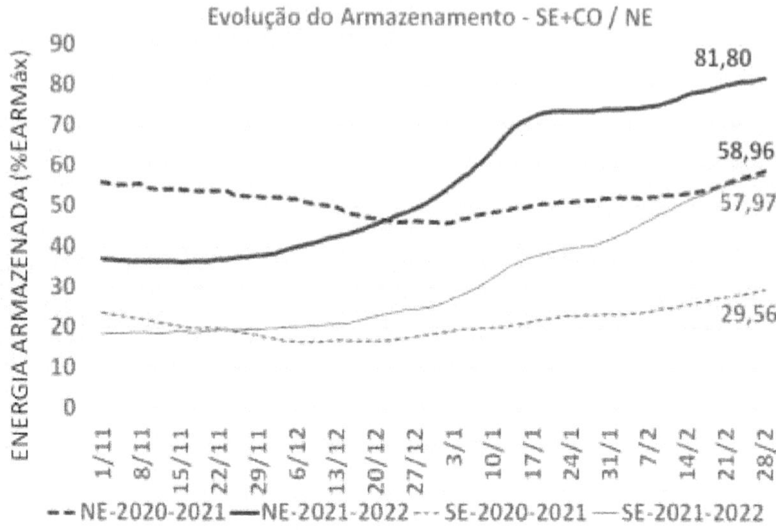

Figura 6 – Energia Armazenada no período úmido 2021-2022 - % EARMáx (Fonte: ONS - www.ons.org.br)

Observa-se ainda na Figura 7 que o aumento da necessidade de geração de energia para o atendimento à demanda para este período úmido de 2021-2022 (até fevereiro) que foi de pouco mais de 3.700MWmed, foram obtidos, basicamente devido ao aumento de oferta de energia hidroelétrica no mesmo porte, sendo que à possibilidade que os aumentos de oferta de cerca de 500MWmed tanto de fontes eólicas quanto de solares permitiu uma redução de geração de fonte termoelétrica nesse mesmo período de cerca de 1.000MWmed.

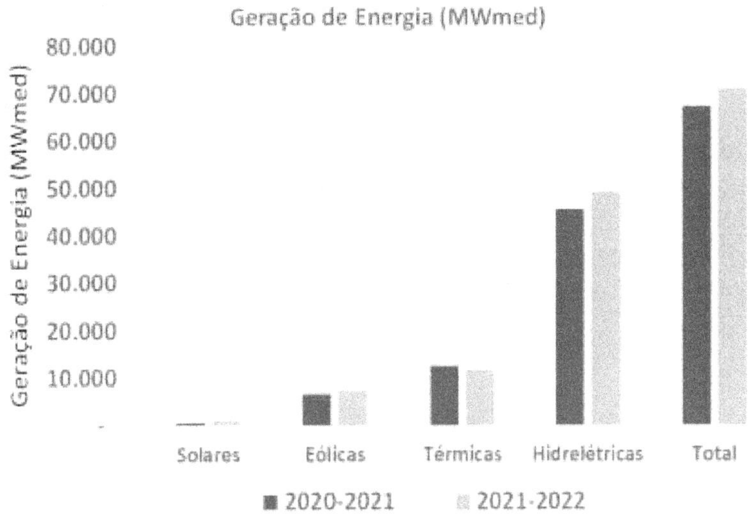

Figura 7 – Geração de Energia em 2020-2021 e 2021-2022
(Fonte: ONS - www.ons.org.br)

A possibilidade de aumento de geração hidroelétrica ainda assim com recuperação de armazenamento em seus reservatórios no SE/CO e no NE foi graças a que durante este último período úmido 2021-2022 a Energia Natural Afluente do SE/CO foi de cerca de 100%MLT (da média de longo termo) contra os 65%MLT ocorridos no período úmido anterior. Para o subsistema NE também houve a ocorrência de quase 120%MLT contra 57%MLT no período úmido anterior.

Sente-se falta de um trabalho com cenários, como antigamente sempre se fez no Setor Elétrico. Cenários não são mais que ferramentas para organizar nossa percepção e diz respeito às escolhas que fazemos hoje compreendendo o que poderá acontecer no futuro, porém, cenários não são previsões. "*Aquele que prevê o futuro mente, mesmo dizendo a verdade*" (SCHWARTZ, 1991).

Assim sendo, no próximo capítulo são colocadas modestas contribuições acreditando que sempre há espaço para sermos ouvidos em todos os ambientes, ainda que alguns possam discordar de algumas colocações educadamente, sem a necessidade de que existam amarguras e agressões desnecessárias e descabidas.

Curiosidades sobre as hidroelétricas

Antes de iniciar o capítulo sobre as considerações que considero prudentes para uma reflexão sobre possíveis caminhos a serem pensados e decididos, gostaria de colocar aqui algumas curiosidades sobre as hidroelétricas integradas ao SIN.

A primeira dessas curiosidades diz respeito à capacidade de regularização, cujo aumento vem diminuindo com o passar dos anos, seja por problemas ambientais, seja por falta de opções atrativas com quedas mais elevadas.

A Figura 8 apresenta em linha contínua a capacidade de regularização dos reservatórios das usinas hidroelétricas integradas ao SIN e em linha tracejada seu incremento, discretizado em passos de cinco anos. Observam-se que os maiores acréscimos de regularização foram entre os anos 1961 e 1965 devido à entrada em operação da UHE Três Marias na bacia do rio São

Francisco e da UHE Furnas na bacia do rio Grande, entre os anos 1976 e 1980 por conta da entrada em operação do reservatório da UHE Sobradinho no rio São Francisco e de 1991 a 1995 com a entrada em operação da usina hidroelétrica de Serra da Mesa na bacia do rio Tocantins.

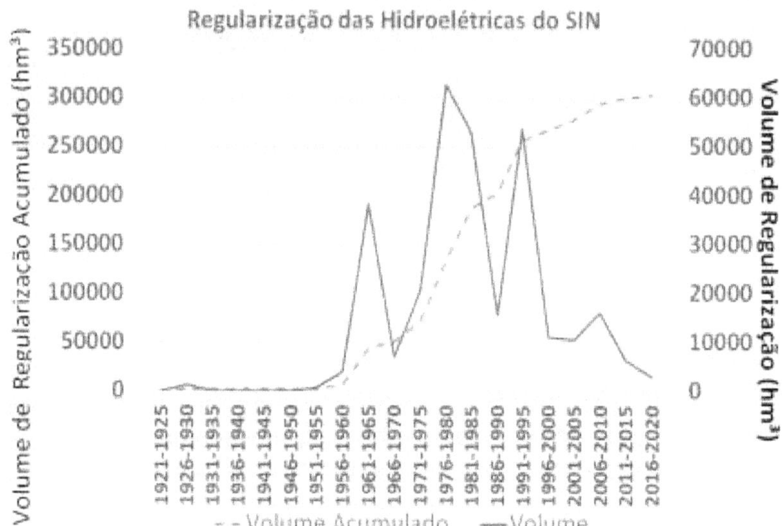

Figura 8 – Regularização das usinas do SIN em hm³
(Fonte: ONS, 2021e)

Cabe observar ainda nesta Figura 8 que a partir de 1996 os incrementos de regularização no SIN foram marginais totalizando desse ano até 2020 um acréscimo de somente 4%. Certamente o quase esgotamento do potencial hidroelétrico associado às dificuldades na operação de reservatórios com regularização por problemas ambientais e de usos múltiplos da água contribuíram fortemente para esse fato.

O segundo aspecto que vale a pena lembrar é o relativo à área máxima inundada pelos reservatórios de geração de energia hidroelétrica. A Figura 9 apresenta da mesma forma, com a discretização em passos de cinco anos, em curva contínua as áreas máximas inundadas pelos reservatórios das hidroelétricas e em linha tracejada seu incremento. Observa-se especial destaque para os anos 1961 a 1965, pela entrada em operação de Três Marias e Furnas e 1976 a 1980 pela entrada do reservatório de Sobradinho, 1971 a 1975 devido à entrada dos reservatórios das usinas hidroelétricas de Ilha Solteira e Três Irmãos nas bacias dos rios Paraná e Tietê, 1981 a 1985 devido à entrada do reservatório da UHE Tucuruí no rio Tocantins e 2001 a 2005 devido à entrada da UHE Porto Primavera na bacia do rio Paraná.

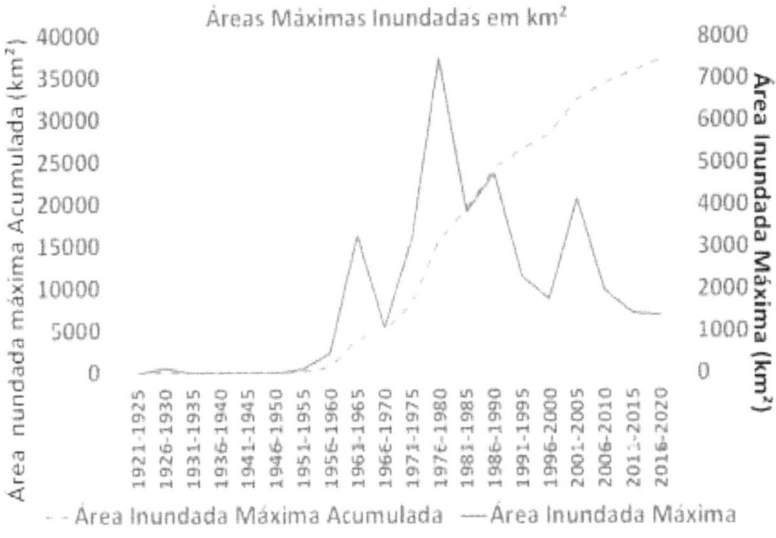

Figura 9 - Regularização das usinas do SIN em hm³
(Fonte: ONS, 2021e)

Observa-se também que a partir de 2006 e até 2020 o incremento de áreas inundadas foram em valores inferiores a 15% do existente anteriormente. A dificuldade de construir e operar grandes reservatórios e as questões ambientais e de uso múltiplo contribuem também para esse fato.

O terceiro fator a ser apresentado aqui é um que intensifica a noção de regularização cada vez mais precária e é um índice que não encontrei na literatura e denominei de regularização por capacidade, ou seja, seria uma soma das capacidades de regularização dividido pela capacidade ou potência instalada em cada período e sua unidade fica estabelecida em hm^3/MW.

Na Figura 10 apresenta-se esse gráfico evolutivo no qual observa-se em linha contínua o índice de regularização por capacidade e em linha tracejada seu incremento.

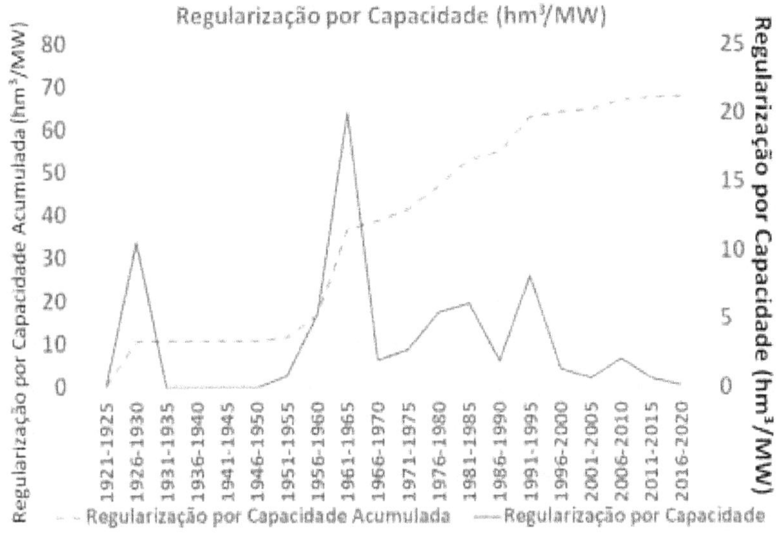

Figura 10 - Regularização por Capacidade em hm³/MW
(Fonte: Fonte: ONS, 2021e)

Observa-se que os anos de maior acréscimo de Regularização por capacidade Instalada foram de 1961 a 1965 pela entrada em operação novamente de Três Marias e Furnas e 1926 a 1930 pela entrada do reservatório de Billings regularizando a geração em Henry Borden. Entre 1991 e 1995 o índice elevado foi devido à entrada em operação ad UHE Serra da Mesa.

O quarto fator importante a ser apresentado é um índice que ainda não tinha visto em nenhum lugar e que acabei descobrindo enquanto fazia meu mestrado. É o índice que eu chamei de potência por área inundada que seria o quociente entre a capacidade instalada em MW dividido pela área inundada máxima em km². Isso classifica as usinas reduzindo a sua importância energética em função da área máxima inundada e destaca outras que apesar de terem uma capacidade instalada de geração menor, também possuem áreas inundadas proporcionalmente menores e acabam ganhando um destaque.

A Figura 11 apresenta a evolução do índice mencionado anteriormente em discretização de cada cinco anos observando-se em linha contínua o índice de potência por área e em linha tracejada seu incremento. Novamente observam-se os mesmos comentários para os anos 1926-1930 e 1961 e 1965. Os reservatórios de Sobradinho e Balbina contribuíram para manter estes índices elevados nos anos de 1976 a 1980 e de 1986 a 1990, respectivamente.

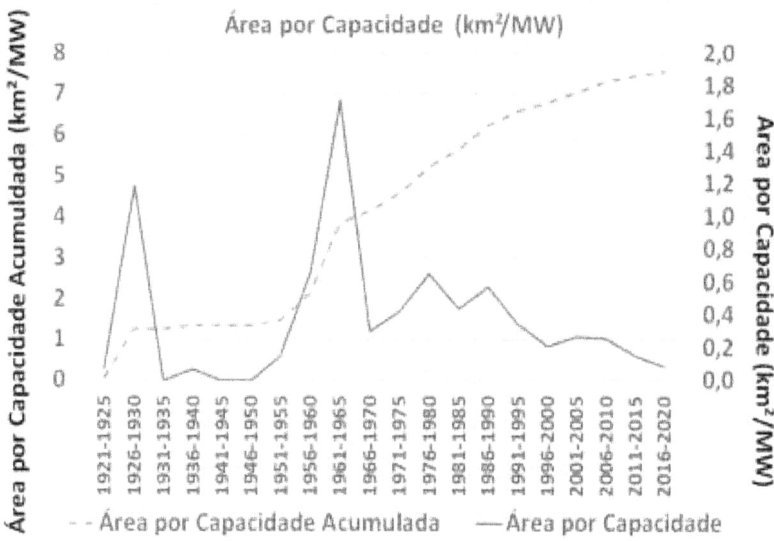

Figura 11 – Área por Capacidade em km²/MW
(Fonte: Fonte: ONS, 2021e)

Cabe destacar que cada vez menos se tem acréscimos de área inundada, principalmente a partir de 1991. A construção de grandes reservatórios com capacidade de regularização ou que inundem grandes áreas está ficando proibitiva. O esgotamento quase total do potencial hidroenergético aliado às dificuldades crescentes de operação dos reservatórios impostos por questões ambientais e de uso múltiplo das águas e aos movimentos sociais que se opõem à construção dessas barragens levam os investidores a aplicar os recursos em usinas a fio d´água, ou seja, sem regularização e preferencialmente em regiões distantes, onde ainda há potencial a ser explorado e a energia é levada aos centros consumidores através de grandes linhas de transmissão.

Algumas questões ainda ficam para maior reflexão de todos os que vierem a dar continuidade ao Setor Elétrico.

1ª Questão: Onde pode-se construir usinas hidroelétricas?

O potencial hidroelétrico brasileiro está num processo avançado de esgotamento uma vez que os aproveitamentos mais atrativos já foram construídos. Longe dos centros de consumo existem dois problemas a serem equacionados e resolvidos: a chegada de material para a construção da usina a localidades muito distantes e a transmissão da energia gerada até os centros de consumo.

2ª Questão: Que garantias possui o empreendedor de conseguir operar os seus reservatórios entre os níveis máximos e mínimos conforme foi determinado em seus documentos de outorga?

Enquanto não for mais bem equacionada a forma de resolução de novos condicionantes ambientais, sem que o Setor Elétrico venha a ser sempre o vilão da história teremos problemas para atrair os investidores.

3ª Questão: Qual é o limite ideal para ampliação da transmissão?

O "trade-off" entre segurança energética e ociosidade das linhas precisa ser mais bem estudado. Precisamos ter opções alternativas melhores para a indisponibilidade de algumas linhas essenciais, seja por duplicação de linhas seja por construção de novas linhas independentes. Ao ficarem sem uso na maior parte do tempo essas linhas acabam se caracterizando num investimento invisível em segurança eletroenergética. Precisa-se pensar em quem deve pagar pela segurança. Novamente o ser humano se apresenta insatisfeito, queremos um suprimento de energia seguro mas não admitimos pagar para termos linhas que fiquem ociosas boa parte do tempo. A segurança tem seu custo associado.

4ª Questão: As bacias hidrográficas deveriam transformar seus sistemas de captação para abastecimento de água com uso de sistemas flutuantes?

Deveria se pensar numa forma de minimizar os conflitos pelo uso prioritário da água que é o abastecimento humano e dessedentação de animais. Os recursos poderiam vir da cobrança pelo uso da água em cada bacia em parceria com as empresas de abastecimento de água.

5ª Questão: O que é mais grave, ficar com um custo mais elevado de forma temporária dos produtos agrícolas pela inoperância momentânea da hidrovia ou termos cortes no fornecimento de energia elétrica numa sociedade eletrointensiva como a nossa?

Essa discussão deveria ser aprofundada pela sociedade como um todo, pelo Governo Federal, pelo Setor Elétrico e pelos Setores Agrícola e de Transporte Hidroviário. Muitas vezes a energia elétrica disputa espaço com o Sistema de Transporte Hidroviário e as decisões já vem prontas e impostas por quem demonstra mais poder junto ao Governo Federal.

6ª Questão: O que se pensa sobre as usinas reversíveis estimulando a geração no horário de ponta e sobre a inserção de baterias para armazenamento de energia das fontes intermitentes?

No 12º Congresso Brasileiro de Planejamento Energético, ocorrido recentemente em setembro/2020, muito se discutiu sobre esse assunto e há um consenso de que o problema precisa ser encarado de frente pela necessidade atual de crescimento das fontes intermitentes de energia e pela questão ambiental associada à destinação final das baterias. Queremos ter disponibilidade de energia que não seja interrompida em momento algum, queremos usar fontes alternativas interrompíveis, mas, não queremos pagar o custo ambiental das baterias. O ser humano é um eterno insatisfeito.

7ª Questão: Como o ONS irá conviver com novos dados relativos a cotas dos reservatórios, inclusive de curvas cota-área-volume na qual a ANA e ANEEL admitiram que cada reservatório pudesse estar referenciado a cotas referenciais diferentes?

É inviável conviver num Sistema Interligado Nacional colocando os modelos em funcionamento com cotas sendo referenciadas em marcos diferentes. Isso é um contrassenso inadmissível. Para não ter que alterar seus estudos de inventário, viabilidade, projetos básico e executivo, admite-se que agora possamos conviver com usinas que estão localizadas a jusante, mas que tem cotas de reservatórios mais elevadas que as usinas que estão a montante. Acredito que um dia isso precisará ser revisto.

Só para citar dois exemplos bem clássicos estão a UHE Coaracy Nunes no rio Araguari-AP, cuja cota referencial indicava uma referência superior em 77,86 metros em relação à adotada pelo IBGE. Até 2016 a cota máxima de Coaracy Nunes era de 120,00 metros, e ao integrar a UHE Cachoeira Caldeirão localizada no mesmo rio a montante de Coaracy Nunes, porém com Cota Máxima de 58,30 metros o ONS precisou providenciar junto à Eletronorte a alteração de todos os valores de cota para a referência do IBGE senão teríamos uma usina a jusante com cota superior ao nível máximo de uma usina localizada a montante.

Outro exemplo que cabe citar é o da UHE Boa Esperança no rio Parnaíba, cuja cota referenciada ao marco do IBGE deveria ser na cota de nível máximo em 161,30 metros, entretanto a Chesf envia em todos os seus processos cotas referidas a um nível máximo de 304,00 metros. Por ora não há outros reservatórios construídos naquele rio, porém, quando surgirem outros novamente ocorrerá a incompatibilidade e alguma correção deverá ser realizada. Cabe lembrar que na divisão de quedas do rio Parnaíba os reservatórios (e suas cotas máximas) localizados a montante da UHE Boa Esperança são Taquara (300 metros), Canto do Rio (271 metros), Ribeiro Gonçalves (243 metros) e Uruçuí (190 metros), estes dois últimos já com estudos de viabilidade concluídos.

É inadmissível que a grande maioria dos reservatórios obedeça ao marco do IBGE enquanto se convive com reservatórios que em seus processos consideram outros marcos, como se fosse imperioso trabalhar sem um padrão. Isso é abominável sob o ponto de vista da engenharia, me desculpem.

8ª Questão: Como conseguiremos que nossos modelos de médio e longo prazo consigam enxergar que se aproxima uma forte crise hídrica e principalmente que ela deverá perdurar alguns anos à frente?

Certamente essa resposta deveria estar ligada a um grande investimento em pesquisa científica, ciência, tecnologia e inovação. Para tal se requer muita coragem e determinação uma vez que os benefícios de uma pesquisa com essa conotação climática atuariam sobre várias áreas da economia, a agropecuária, a geração de energia, os usos múltiplos da água, a indústria, a saúde, a alimentação e vários outros. Precisam ser investigados outros sinais, diferentes dos já conhecidos "El Niño" e "La Niña" que, além de serem antigos precisaram ter subclassificações, como por exemplo "El Niño fraco" e "El Niño forte". Não foram investigados o que fazem ser fortes ou fracos. Consegue-se prever o surgimento de ZCAS (Zonas de Convergência do Atlântico Sul) com que antecedência? E as CCM (Complexos Convectivos de Mezoescalas) são previsíveis em intensidade e duração. Qual é a intensidade e duração da precipitação da próxima ZCAS que se aproxima? E as ZCIT (Zonas de Convergência Inter Tropicais) são verdadeiramente previsíveis? Que correlações são verdadeiras e quais delas são completamente expúrias. Certa vez se pesquisou que a precipitação no Brasil tinha forte correlação com precipitação que acontecia no norte da Dinamarca. Tem sentido físico isso? Enfim, são tantas as perguntas sem resposta e sem investimento em pesquisa fica ainda mais difícil. Muito ainda deve ser pesquisado para determinar a relação entre oceano e atmosfera e, também, sobre desmatamento e aquecimento global.

9ª Questão: Como consegue-se estabelecer uma mudança cultural nos hábitos da população, da indústria e do comércio para que caminhemos numa direção mais sustentável propondo e cobrando medidas de economia de energia e água?

Certamente é uma tarefa bastante difícil, como todas aquelas baseadas na educação. Educar não é impor, é argumentar e mostrar os benefícios para todos de uma mudança de hábitos implantada. Os motivos de existirem poucas ações de efeito no que diz respeito à economia e uso sustentável dos produtos são vários. Começando pela abundância que sempre houve de recursos hídricos e assim sendo não haveria com o se preocupar (hoje em dia deveríamos rever isto). O uso de energia de forma gratuita ou subsidiada para uma parte da população, incluindo aí as inúmeras perdas na rede que já foram da ordem de 3% mas que acredito sejam bem maiores hoje em dia com o avanço do crime organizado (milícias e tráfico) que impedem a entrada de uma fiscalização e regulamentação. A construção de cidades e bairros inteiros margeando os rios sem que haja um distanciamento mínimo de modo a propiciar que a população jogue nos rios uma grande variedade de lixos, não só orgânicos (esgoto) mas também de diferentes ordens como plásticos, móveis, eletrodomésticos, carros e uma infinidade de lixos de toda espécie. Custos baixos pelo uso da água e da energia sem estímulo ao seu uso racional, sustentável e adequado.

Reflexões, caminhos para melhorar

Agora, para finalizar esta publicação gostaria de chamar os colegas que permanecem no Setor Elétrico a reflexões sobre os processos que dizem respeito às nossas atividades e atribuições, bem como sobre alguns aspectos particulares. Manifesto aqui tudo o que considero que não deveria ser feito, que poderia ser modificado para um melhor funcionamento do Setor Elétrico segundo a minha humilde visão. Espero que ninguém se sinta melindrado ou ofendido com minhas palavras e sintam-se plenamente livres para discordar educadamente de meus pontos de vista e minhas considerações.

O primeiro aspecto que gostaria de abordar é aquele relacionado com o passado, o presente e o futuro da disponibilidade hídrica nos reservatórios, seja para geração de energia, seja para outros usos da água. Quando se avalia a disponibilidade da oferta hidroenergética deveriam ser levados em conta três aspectos fundamentais. O passado, o presente e o futuro.

O passado pode ser representado por todas as experiências que tivemos durante a operação das usinas, como conseguimos vencer os obstáculos, que operações heterodoxas tivemos que implementar, desde o fomento a novas ofertas de energia, a ultrapassagem de restrições hidráulicas, a melhoria no intercâmbio entre as regiões e o aumento da importação de energia de outros países. Além disso o passado nos traz informações importantes sobre as vazões naturais, sua variabilidade, sua sazonalidade, suas médias e suas tendências.

O presente, por sua vez, pode estar representado pelo par armazenamento - energia natural afluente que estamos vivenciando. Além disso precisa ser considerado também em que ponto do hidrograma nos encontramos (início, meados ou final de período úmido ou seco), porque nossas atitudes para o enfrentamento de escassez podem diferir bastante conforme a época que se está. Muitas vezes a situação presente é influenciada por fatores associados à ocorrência ou ausência de precipitação. A umidade, ou a falta dela, no solo, muitas vezes nos mostra que o tempo de resposta para que uma precipitação se transforme em escoamento superficial (vazão no rio) pode variar muito. Sabemos que após longo período de ausência de precipitação o solo se degrada e para a sua recuperação é necessário que as chuvas ocorram de forma contínua.

O futuro deverá ser separado em duas partes. Um futuro imediato e um futuro de longo prazo. Para o futuro imediato, podem ser realizadas previsões de precipitação, temperatura (para estimar a demanda por energia) e vazões afluentes aos reservatórios (para conhecer a disponibilidade hídrica). Essas previsões para o futuro imediato, poderá estar muito mais dependente das previsões numéricas de modelos meteorológicos do que de fenômenos climáticos. O futuro de longo prazo, por sua vez deverá nos trazer informações qualitativas sobre o clima para alguns meses à frente que nos permitam inferir se uma determinada estação, período úmido ou seco representará um déficit hídrico mais significativo ou um acréscimo na oferta de disponibilidade hídrica.

Modelos que enxergam o futuro de forma incompleta, distorcida, ou que simplesmente não buscam trazer do futuro informações importantes para o processo de tomada de decisão para o momento atual, podem levar a retardar nossa reação no sentido de prevenir as dificuldades operacionais que o sistema irá enfrentar e tomar as medidas adicionais ou heterodoxas necessárias. As medidas podem estar associadas à flexibilização das restrições hidráulicas, ao aumento da importação de energia de países vizinhos, ao aumento da oferta de energia nacional, seja com termoelétricas que não vinham funcionando, seja com o estímulo à construção e entrada em operação de novos equipamentos, seja com gestões sob o ponto de vista da demanda que consigam efetivamente reduzir o consumo de energia elétrica em nosso país.

Existem várias questões que deveriam ser levantadas pelo menos para as regiões Sudeste, Centro-Oeste, Norte e Nordeste, onde a sazonalidade está sempre bem definida. Por exemplo, se o momento presente estiver no início do período úmido, início de novembro, e estivermos com armazenamento no SIN extremamente baixo, abaixo de um limite mínimo e energias naturais afluentes próximas ou acima da média de longo termo com a perspectiva de se manterem elevadas nos próximos meses acredita-se que não haveria necessidade de tomar medidas adicionais porque o armazenamento acaba se recuperando. Entretanto, se nesse mesmo caso, as energias naturais afluentes estiverem bastante abaixo da média e sem perspectiva de melhoria nos próximos meses deve-se acender um sinal de alerta e as medidas adicionais deverão ser tomadas.

Por outro lado, se o momento presente estiver ocorrendo ao final do período úmido, ou início do período seco (início de maio), basta observar o armazenamento do SIN. Ele deve estar acima de um determinado patamar abaixo do qual as medidas adicionais precisarão ser tomadas. As energias naturais afluentes ou as vazões naturais, não tem muita relevância porque períodos secos dificilmente ajudam a recuperar o armazenamento dos reservatórios dessas regiões. Pressupondo que o leitor esteja familiarizado com os termos "energia natural afluente" e "energia armazenada", que pertencem ao jargão do Setor Elétrico (caso não esteja peço que leiam com atenção o capítulo final onde há um pequeno glossário explicativo) propõe-se um exercício simples a seguir.

Considerando o mês de novembro como mês de transição, propõe-se aqui que se observe o par energia armazenada (% do máximo) x energia natural afluente (ENA) ao final do dia 30 daquele mês. A partir das energias naturais afluentes poderia se criar um fator de correção para o EAR observado de tal modo que se fizesse uma estimativa para o período úmido sobre o valor dessa ENA em relação à sua média de longo termo (MLT). Por exemplo, se for estimado que a ENA do período úmido ficará em 80% da MLT multiplica-se o armazenamento observado por 0,8 e se a estimativa for quem a ENA fique em 130% da MLT multiplica-se o armazenamento por 1,3.

Desse modo consegue-se obter o que denominaremos de EARcorr, ou seja, um armazenamento (EAR) corrigido, influenciado por uma perspectiva de futuro que contribua fortemente para a recuperação ou degradação dos armazenamentos. Pode-se estabelecer em seguida um limite mínimo de "armazenamento corrigido" abaixo do qual devem ser iniciadas medidas adicionais à operação tradicional feita em condições normais. Esse limite mínimo colocaria o SIN em estado de atenção permitindo a implementação de algumas medidas já citadas um pouco acima. Poderia ser, por exemplo um "armazenamento corrigido" de no mínimo 25%. Se adotarmos esse valor poderemos observar na figura 12, com os dados obtidos no ONS, que, em novembro de 2014, as medidas heterodoxas poderiam ter sido iniciadas, podendo ser suspensas em 2015 por conta da recuperação nos armazenamentos devido à ocorrência de ENA próxima a 100% da MLT e retomadas novamente em 2016, pois a pesar do EAR estar mais elevado, a previsão de ENA ficou abaixo de 100% da MLT puxando o índice "EARcorr" para baixo dos 25%.

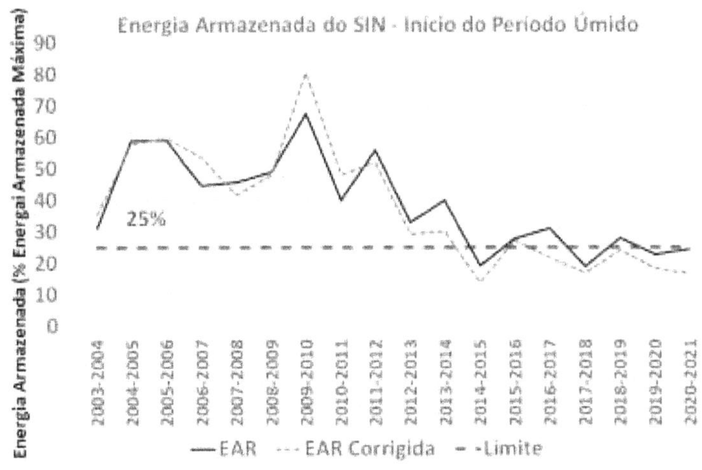

Figura 12 – Energia Armazenada Corrigida
(Fonte: Fonte: ONS, 2021e)

Esta foi só uma proposta, uma ideia a ser pensada. O avanço da ciência e dos modelos de previsão em si poderá permitir maior garantia de sucesso neste tipo de metodologia. Deveriam se concentrar esforços em pesquisar como realizar previsões de ENA para os meses que faltariam para fechar o período úmido (dezembro a abril) com menos desvios. Claro está que, de forma conservadora, pode-se pensar sempre em trabalhar com estimativas mais baixas para a ENA de período úmido uma vez que no ano seguinte, com a recuperação dos armazenamentos, as medidas poderão ser suspensas.

Cabe sinalizar que os parâmetros utilizados nesta metodologia são passíveis de estudo e aprimoramento, tanto os meses importantes para a recuperação dos reservatórios, quanto o valor de 25% para o EARcorr. Esta proposta é só uma ideia inicial para abrir espaço para pesquisas.

Além de tudo o que foi aqui apresentado existem algumas questões nas quais valeria a pena mergulhar e repensar o funcionamento atual e estas serão descritas a seguir.

- **Blindagem Ambiental**: Historicamente o Setor Elétrico foge de uma aproximação maior com as entidades responsáveis pelo meio ambiente. Não existem canais de comunicação diretos e diários para a discussão técnica do IBAMA com a EPE, o ONS e a ANEEL. O IBAMA parece uma empresa distante, temida e mais inimiga do Setor Elétrico do que uma empresa parceira, construtora de soluções conjuntas integradas ao planejamento e operação do Setor Elétrico. O encontro com o IBAMA acaba acontecendo em audiências públicas e encontros isolados provocados por algum dos atores. Continua se fugindo de uma maior integração das equipes do Setor Elétrico e do IBAMA e de outros órgãos ambientais que por desconhecerem estes de perto as dificuldades de construção e operação de usinas hidroelétricas e o atendimento às questões energéticas. É como se boa parte do Setor Elétrico precisasse se blindar à problemática ambiental, sendo que, o correto, seria partir de peito aberto para um diálogo mais participativo envolvendo a sociedade na discussão desses problemas.

- **Relacionamento com a ANEEL:** Entendo que o relacionamento do Setor Elétrico, pelo menos no que diz respeito ao ONS, com a Agência Nacional de Energia Elétrica – ANEEL é verdadeiramente distante. Como pode uma entidade fiscalizadora e regulamentadora se manter tão afastada do ONS e manter um relacionamento das equipes somente sob demanda. Evita-se acionar a ANEEL a todo custo e não há uma maior aproximação das equipes tornando-a parceira das angústias hidrológicas operativas e nivelando sobre as novidades diárias que o ONS encontra na operação do Sistema Interligado Nacional – SIN. A ANEEL é tratada como temida e, assim sendo, procura-se manter bastante distância em relação a ela. A ANA acaba tomando esse espaço diante do ONS.

- **Aproximação Matemática:** Os modelos hidrológicos, elétricos e energéticos são simplesmente modelos matemáticos e tem por objetivo tentar retratar a realidade da geração eletroenergética e o atendimento à carga de energia. Por serem aproximações matemáticas muitas vezes seus resultados podem se afastar da realidade, principalmente em situações extremas. É aí que deveria haver uma flexibilidade maior para a representação de algumas variáveis e equações nos modelos. Por exemplo, tentar representar uma curva-chave, ou seja, uma relação entre vazão e nível a jusante dos reservatórios, através de um polinômio de até quarto grau denominado de PVN é uma aberração e em algumas circunstâncias pode produzir resultados que não são satisfatórios. Deveria ser utilizada uma curva exponencial, conforme se apresentam nos livros de hidrologia o que já foi testado e comprovado cientificamente ser melhor. Para representar a relação entre nível, área e volume a montante das barragens, nos reservatórios em si, atualmente são utilizados polinômios de até quarto grau e deveriam ser usadas tabelas de pares de pontos e não curvas que em algumas circunstâncias podem produzir alguns desvios não desejados em relação à realidade.

Mesmo que se usassem tabelas de pares de pontos reduzidas valeria a pena pois elas reproduzem fielmente a tabela completa de pares de pontos. Para isso precisaríamos que os modelos matemáticos, em sua maioria desenvolvidos pelo Cepel, fossem modificados em sua concepção.

- Simplificação de dados: Muitas vezes investe-se em longos estudos, gastando-se as horas de trabalho de muitas equipes obtendo resultados e respostas bastante significativas com níveis de detalhamento importantes, como por exemplo, o estudo que determinou as tabelas com as curvas-colina das usinas hidroelétricas digitalizadas e calculou os coeficientes de perdas hidráulicas que multiplicam o quadrado da vazão turbinada. Foi um estudo importante de descoberta que não conseguiu ser aproveitado uma vez que os modelos existentes teriam que sofrer adaptações para tal. Assim sendo, opta-se por simplificar os dados obtidos com o estudo fazendo com que as usinas sejam consideradas com a produtibilidade em $MW/m^3/s/m$ e as perdas no circuito hidráulico com valores constantes, em vez de se avançar para uma alteração dos modelos conforme apresentado na formula a seguir (DE SOUZA et al., 1999).

$$PH = k \times Q^2$$

PH – Perda hidráulica (metros)
Q – Vazão turbinada (m^3/s)
k – Constante a ser calibrada para cada aproveitamento levando-se em conta o comprimento e a largura da tubulação.

- **Base de dados única:** Este é outra tecla na qual venho tocando desde meu ingresso ao ONS. Como pode uma empresa conviver com diferentes bases de dados de usinas hidroelétricas como são a BDT, o SIPPOEE, o arquivo HIDR e o Hydrodata, sem se incomodar com essa multiplicidade. Caminhar com uma base de dados única e adaptar os modelos e sistemas a consultar essa base de dados é um quesito no meu modo de ver essencial a uma organização que deseja atingir seus objetivos plenamente.

- **Herança abnegada:** Como é que uma empresa que recebe as novas usinas para promover a sua operação e integração ao SIN consegue desconhecer as fases anteriores de sua concepção como são o inventário, a viabilidade, o projeto básico e o projeto executivo? Não se tem conhecimento no ONS dos contratos de concessão, das outorgas e de demais documentos legais a não ser quando se chega a algum impasse operacional. Será que se o documento de outorga tivesse a participação do ONS não estaríamos enfrentando menos problemas operacionais? Será que se o ONS tomasse conhecimento dos projetos, pelo menos desde a fase de Projeto Básico e antes mesmo dos leilões, algumas restrições operativas não poderiam ser contornadas e mais bem estudadas e em alguns casos até evitadas? Acredito piamente certamente que sim.

- **Via de duas mãos:** Como é que o ONS se preocupou em ser cada vez mais transparente fornecendo dados e informações à sociedade, mas, nunca se preocupou em ter esse caminho de volta assegurado plenamente. O recebimento automático de dados da Agência Nacional de Águas - ANA e sua integração ás bases do ONS não está explorado em todo o seu potencial.

- **Restrições hidráulicas:** Não consigo acreditar na veracidade do número de novas restrições operativas hidráulicas que surgem a cada instante para reservatórios que estão construídos há muito tempo. Acredita-se que efetivamente podem surgir novas restrições e muitas delas até temporárias, mas, o ONS aceita tudo o que lhe é imposto pelo Agentes de Geração sem questionamentos, sem uma fiscalização da ANEEL, sem conversas com o IBAMA para tentar entender se não há exageros. A realidade operativa do SIN em momentos de crise já provou diversas vezes que muitas das restrições operativas hidráulicas podem ser relaxadas ou flexibilizadas para outros valores. Não vejo uma organização no encaminhamento dessas questões.

- **Operar a cada meia hora:** A entrada em operação do modelo diário de otimização, DESSEM, que realiza uma otimização para cada meia hora operativa permitiu que se criasse um mercado de energia com preços a cada meia hora porém precisa-se deixar claro que questões de formação de preço para o mercado de energia não podem interferir no programa de operação que efetivamente deve ser implantado na sala de controle. O mercado tem suas necessidades e a operação hidráulica do SIN tem as suas. Os mundos devem andar próximos, mas sempre separados. Agora como um modelo que otimiza a cada meia hora pode trabalhar com valores constantes de previsão de vazões para todas as meias horas do mesmo dia? Deveria estar se pensando em estudar as bacias hidrográficas para que se possam criar regras para distribuir essas previsões de vazões diárias semihorárias.

- **Unidade de planejamento:** Sabendo-se que a lei 9433/1997 estabelece que a bacia hidrográfica é a unidade de planejamento pode-se admitir que existam os inventários para trechos de bacia? Antigamente isso não era permitido. Atualmente com os custos dos estudos ficaram cada vez mais elevados e foi se flexibilizando esse conceito. Isso pode trazer consequências desagradáveis quando se propõe divisões de quedas para um trecho sem conhecimento das divisões de queda existentes noutros trecho de bacia hidrográfica. Não concordo com isso e poderia haver um ressarcimento às empresas que fizeram os estudos de inventário por parte das empresas que vierem a ganhar as licitações.

- **Outorga de níveis constantes:** Se observarmos uma série de vazões naturais médias diárias, ou semanais ou até mensais conseguiremos constatar que a natureza por si só não consegue garantir a manutenção dos níveis nos diferentes trechos de rios no mesmo valor. Assim sendo, a própria natureza promove variações nos níveis em diferentes trechos dos rios conforme as variações de vazões provocadas por secas ou por períodos de intensa precipitação. Como se sabe isso é uma grande verdade e, desse modo, como podem as entidades responsáveis pela elaboração dos documentos de outorga, com a ANA por exemplo, decidir por outorgas para uso da água onde os níveis máximo e mínimo são iguais, como acontece com os reservatórios das usinas de Pimental, Ourinhos, Colíder, Dardanelos, Batalha, Teles Pires, Garibaldi e tantas outras mais. Os reservatórios não podem ser utilizados através da operação de suas estruturas hidráulicas, turbinas e vertedouros, para travar os níveis do rio e eliminar as flutuações de níveis e vazões que naturalmente já aconteceriam. Isto é um grande erro. Exige-se que haja o máximo de regularização possível para que vazões sejam armazenadas durante o período úmido e utilizadas durante o período seco e exige-se também que os reservatórios seja os principais atenuadores de problemas associados à elevação das vazões e ao controle de enchentes, porém se regulamenta travando os reservatórios num nível fixo. Estes conceitos são minimamente incompatíveis.

- **Quem planeja não opera:** Acredito que os responsáveis por elaborar e aprovar os estudos de viabilidade dos empreendimentos hidroelétricos não saibam como é difícil operar usinas e reservatórios que se localizam muito próximos uns dos outros. Não deveria ser permitida a construção de usinas tão próximas umas das outras que acabam ocasionando impactos em tempo de operação.

- **Universidade x Empresa:** O Setor Elétrico, particularmente o ONS, caminha bem distante das universidades e não cria um ambiente de troca entre quem tem dificuldades e problemas a serem resolvidos e quem pode propiciar as soluções a esses problemas de diferentes modos. Seria bom tentar instituir aulas nas quais os conhecimentos de quem planeja e opera os sistemas elétricos pudesse ser passado para quem está aprendendo como fazer, mas que pode contribuir com conhecimentos mais modernos da área tecnológica para o aprimoramento de modelos e processos no Setor Elétrico. Poderiam inclusive existir cursos de curta duração nos quais alguns conceitos fundamentais fossem passados aos participantes em ambiente acadêmico. Seria importante ter uma estrutura montada para repasse de conhecimentos por parte dos profissionais do Setor Elétrico aos alunos das universidades em geral. Talvez não precisemos ser pretenciosos como a Petrobrás que possui uma universidade mas, considerando o maior patrimônio das empresas setoriais que é o seu capital intelectual poderiam se realizar parcerias com as instituições de ensino e até mesmo preparar núcleos de Ensino à Distância - EAD de forma a espalhar o conhecimento por todo o território nacional, integrando os especialistas em projeto, planejamento e operação de sistemas elétricos.

- Fiscalização à distância: Penso que existem funções de fiscalização essenciais em todos os setores de nossa economia. Como podem a Agência Nacional de Energia Elétrica – ANEEL e a Agência Nacional de Águas e Saneamento Básico – ANA, fiscalizar o adequado funcionamento do processo de produção, transmissão e distribuição de energia e as condições hidrológicas em todas as bacias hidrográficas se estão localizadas em Brasília e não possuem escritórios espalhados pelo Brasil e nem mesmo terceirizam esse trabalho? Impossível ser onipotentes. Na verdade, possuem um comportamento parecido à Rede Globo que economiza nos repórteres de rua pedindo aos ouvintes que enviem seus vídeos por Whatsapp. As nossas redes sociais não podem substituir o trabalho de fiscalização em campo pelas empresas interessadas, principalmente com o enorme número de "Fake News" fotos, vídeos e até áudios são fabricados atualmente nas redes sociais e tirados do contexto para derrubar heróis e dar poder a criminosos.

- **Hidrólogo de Tempo Real:** Há uma atividade que nunca para no ONS. Está ligada às funções desempenhadas nas salas de controle e que dizem respeito ao denominado tempo real. Acredito que haveria um benefício enorme para o bom funcionamento e processo de tomada de decisão na sala de controle a presença de um hidrólogo, mas, para que isso seja verdadeiramente efetivo seria importante que pudéssemos encontrar nos painéis das salas de controle algum valor de vazão em m^3/s ou até mesmo de níveis em metros e também em % de armazenamento de seus volumes úteis.

- **Liderança do conhecimento:** Considero fundamental, para que o conhecimento não se perca e possa ser passado às novas gerações, que sejam efetuadas algumas ações. O ONS, com seu capital intelectual como principal ativo intangível, deveria liderar este processo. Uma dessas ações está ligada à inserção de curso de capacitação em ambiente universitário, seja através de matérias correlatas seja através de cursos de extensão para disseminar no meio acadêmico o conhecimento cultivado de modo intrasetorial. Outra ação se refere à criação de uma base de conhecimentos através de videoaulas para que se crie uma base de conhecimentos que possa ser consumida tanto por técnicos do Setor Elétrico, sejam do ONS ou não, quanto por alunos e professores do meio acadêmico. Somos pessoas privilegiadas e precisamos dar acesso a conhecimento a técnicos e alunos de outros ambientes.

- **Estimativas Estocásticas para Longo Prazo:** Considero uma temeridade se fazer uso de cenários estocásticos de vazões para prazos maiores que dois meses sem considerar as questões climáticas como pano de fundo, ou seja, sem acrescentar nenhuma informação sobre a previsão climática. Mesmo sabendo que há algum grau de incerteza nessas previsões climáticas a tendência é que elas possam vir a fornecer os contornos necessários para um enquadramento dos cenários gerados ou até mesmo para a eliminação de alguns cenários que dada a condição climática certamente não aconteceriam. O ONS precisaria instigar as empresas de pesquisa a investigar as circunstâncias que sinalizam grandes cheias e grandes secas. Precisamos fugir ao discurso do El Niño x La Niña, até porque já vimos fenômenos com essa classificação que são mais fortes e outros mais fracos e os efeitos sobre as vazões são diversos. Quais são as outras teleconexões atmosféricas que afetam as vazões naturais de forma mais direta? Precisam-se obter outras classificações, outras relações causais que somente as correlações simples não explicam. Acredito que parte de nossa surpresa com períodos de maior escassez, ou excesso, seja pela incompreensão do ser humano sobre esses fenômenos naturais.

- Representação das usinas nos modelos: Apesar de saber da importância dos dados elétricos e energéticos considero prudente o aprimoramento na representação das usinas hidroelétricas nos modelos energéticos uma vez que as simplificações existentes hoje devem ocasionar desvios significativos em relação à realidade. Se temos posse de curvas-colina, perdas hidráulicas, proporcional ao quadrado da vazão turbinada, tabelas cota-área volumes (CAV) de centímetro em centímetro, família de curvas de jusante e outros dados mais, então estes devem ser usados.

- **Inovação precisa de motivação:** A inovação proposta num determinado momento da empresa como um dos valores importantes a serem seguidos não pode ser um processo imposto de fora pra dentro e precisaria haver uma motivação para que os técnicos procurassem sair de sua zona de conforto, de suas caixinhas operativas e procurassem modificar seus processos adotando tecnologias verdadeiramente inovadoras entendendo que isso traria um benefício inigualável para a empresa.

- **Meritocracia e subjetividade:** Acredito que a meritocracia seja um sonho a ser perseguido, porém a sua forma de implantação pode ser bastante difícil. O julgamento ocorre baseado nas chefias imediatas inserindo muita subjetividade. O julgamento deveria ser mais transverso e para isso deveria se dar mais conhecimento ao que se faz. Por mais que você se esforce, por mais que você inove, por mais que você implante novos processos, isso pode não ser importante aos olhos de quem julga. Quantas vezes ouve-se que o dinheiro destinado ao aumento de nosso salário consumiria toda a verba disponível e isso não seria viável independentemente do mérito. As pessoas podem passar anos e anos produzindo muito, gerando novos processos e produtos, levar inúmeros elogios nas avaliações e, ainda assim, podem ficar sem uma compensação financeira que a estimule. A forma como se implementa a meritocracia deveria ser mais bem repensada.

Entretanto, existem recomendações que considero fundamentais para uma conversação estratégica e um roteiro passo a passo para o estabelecimento de cenários que acredito deva ser bastante proveitoso (SCHWARTZ, 1991).

ROTEIRO PARA CONVERSAÇÃO ESTRATÉGICA

- **Criar um ambiente hospitaleiro**

A cultura organizacional deve acolher sempre diversos pontos de vista, sem punir a quem coloca as questões ou ideias. Vivemos um mundo surdo e às vezes o frenesi do mundo moderno nos impede de escutar bem o que o outro diz. Quando o outro está no meio de seu diálogo já o interrompemos para replicar quando ele ainda não acabou de falar (PAPA FRANCISCO, 2020). Em algumas empresas existem os "Relatórios das Minorias" que são elaborados por técnicos que possuem outras linhas de pensamento e suas opiniões são além de toleradas bem acolhidas.

- **Criar um grupo inicial com decisores, especialistas e pessoas com visão eclética**

Este grupo deve incluir não só a maior parte dos tomadores de decisão, mas também os especialistas (peritos) sem esquecer de incluir também pessoas de campos diferentes, finanças, ciência e tecnologia e humanísticas, podendo se compor desde quinze até trinta pessoas.

- **Incluir informações e pessoas de fora**

Conversas internas raramente ou quase nunca trazem ideias avançadas e inovação. Algumas empresas possuem a prática de filtrar as informações que vem se fora para garantir a sua sobrevivência. Isso não é bom. Precisamos antes de tudo realizar uma coleta de dados pensando bem nas premissas. O que devemos procurar? Onde devemos procurar?

- **Olhar à frente muito antes das decisões**

Muitas vezes o momento certo para absorver novas propostas e ideias não é enxergado pelas empresas porque estas trabalham pressionadas pela necessidade de agir. A necessidade de agir passa à frente da boa vontade de aprender. As conversações estratégicas devem ser produzidas bem antes das crises e se destinam aos negócios vindouros da empresa.

- **Examinar o presente e o passado**

Antes de traçar cenários para o futuro precisa-se olhar para como a empresa agiu no passado e como chegou até o momento presente. Como a empresa reagiu no passado a alguns fatos? Como se comportou? Que atitudes teve? Quais fatos foram esperados? Quais fatos foram surpreendentes? Lembrem-se que o passado pode ensinar ao presente, mas, águas passadas não movem moinhos só entendendo o que isso significa poderemos construir um futuro mais promissor. A natureza se modifica a cada instante e responde sempre com essas modificações às agressões que lhe fazemos.

- **Conduzir os trabalhos com cenários em pequenos grupos**

Considera-se uma boa prática realizar uma reunião inicial com todos, porém dividir em subgrupos é a melhor forma de estudar os problemas de forma individual e com profundidade. Os grupos menores permitem uma liberdade maior para que as pessoas se sintam à vontade para discordar, divergir, discutir, argumentar e ao final convergir encaixando suas visões diferentes numa história comum. Estes subgrupos se preparam para uma defesa de suas ideias diante do grupo maior.

- **Dar corda à conversa**

A empresa vivenciou um passado, está consciente de seu presente e traçou cenários para seu futuro. E agora? Agora é hora de disseminar em pequenas reuniões, ou "workshops", os cenários pensados para o futuro para que cheguem a todos os que não participaram dessas discussões iniciais e da elaboração dos cenários. Estes funcionários podem ter ideias e elaborar propostas de solução de ações para os cenários futuros. Quando estas propostas cheguem à direção da empresa está na hora de se realizar novas conversas estratégicas e começar o ciclo novamente com nova conversação estratégica.

- **Viver em permanente conversação estratégica**

Ao longo da vida da empresa os hábitos mudam. As pessoas passam a ler mais, a se conectarem nas redes sociais, filtrando as abomináveis "fake news", e se informando cada vez mais neste universo globalizado. Chegam sempre com novidades e inovações. Muitas dessas ideias surgem da criatividade e pensamento próprio e outras surgem de soluções já adotadas por outras empresas, por outras cidades, estados ou países. É a globalização onde todos aprendem com todos e se forma uma rede de conhecimento bastante ampla que perpassa as fronteiras do nosso país.

ROTEIRO PARA DESENVOLVER CENÁRIOS

Passo 1: Identificar a questão ou decisão central

Para desenvolver cenários deve-se começar de dentro para fora. Deve-se identificar a questão primeiro e depois construir o ambiente. Quais decisões devem ser tomadas e que vão influenciar o destino da empresa? As empresas devem pensar em termos de crescimento rápido ou lento da economia e em termos de como os demais setores irão me afetar. No caso do ONS as perguntas-chave deveriam ser em torno de:

a) Como vai crescer o consumo de energia elétrica?
b) Haverá oferta de energia para atender a esse crescimento no consumo?
c) Poderemos contar com o combustível necessário a garantir a oferta de energia elétrica?
d) Que novas tecnologias devemos incorporar nossos processos para tornar-nos mais eficientes?
e) O que ações deveríamos recomendar à ANA, à ANEEL e à EPE para tornar o investimento no Setor Elétrico atrativo às empresas estrangeiras e às empresas nacionais?
f) O que ações deveríamos recomendar à ANA, à ANEEL e à EPE para tornar a operação do Sistema Interligado Nacional - SIN menos sofrido para o ONS?
g) O vandalismo nos ativos, algumas vezes descontrolado, pode comprometer a qualidade de nosso serviço?

Passo 2: Fatores-chave no ambiente local

Precisam ser listados os fatores-chave para o sucesso ou fracasso das decisões. O que deve ser considerado sucesso ou fracasso? Que considerações moldarão os resultados das decisões?

Passo 3: Forças motrizes

Precisam ser identificados que forças motrizes, tecnológicas, ambientais, políticas, econômicas, sociais e de nicho de mercado. É muito bom saber o que é inevitável e necessário e o que é imprevisível, assumindo nossa capacidade limitada. Isso se obtém muitas vezes com uma boa pesquisa investigando tendências e quebra de tendências.

Passo 4: Hierarquizar por importância e incerteza

Precisam ser ordenadas as Forças Motrizes e os Fatores-chave em relação à sua importância para o sucesso da questão central e em seguida, deve-se levantar o grau de incerteza de cada um desses fatores e tendências, identificando-se os mais importantes e mais incertos.

Passo 5: Selecionando a lógica dos cenários

O objetivo desta fase é terminar apenas com alguns poucos cenários. A partir da identificação dos eixos fundamentais das Incertezas às vezes podemos visualizar através de um eixo (vetor) ou de uma matriz bi (matriz) ou tridimensional onde os cenários se identificam e seus detalhes são preenchidos. A lógica de um cenário se caracteriza pela sua posição na matriz em relação às forças mais significativas.

Passo 6: Encorpando os cenários

Uma vez que as forças motrizes determinaram as lógicas que diferenciam os cenários, precisamos agora engordar esses cenários com os fatores-chave e tendências identificados nos passos 2 e 3. Cada um deles deve ter um tratamento e uma atenção dentro de cada cenário. Cria-se então uma narrativa para cada cenário elencando quais eventos poderiam ser propulsores para tornar um determinado cenário plausível.

Passo 7: Implicações

Uma vez formulados os cenários, volta-se à questão central para verificar como está a decisão em cada cenário e quais são as vulnerabilidades encontradas. A decisão ou estratégia funciona para todos os cenários ou só para uns? Se a decisão funciona só para um cenário pode-se considerar de alto risco. Deve-se pensar como a estratégia poderia se adaptar caso o cenário não venha a se configurar.

Passo 8: Selecionar os indicadores iniciais e sinais de aviso

É importante saber qual dos cenários encontra-se mais próximo da realidade. Vale a pena agora identificar alguns indicadores para monitorar ao longo do tempo. Se os indicadores forem selecionados com cuidado e criatividade eles poderão indicar correções a serem feitas na trajetória, mudanças nas estratégias e decisões da empresa.

Cuidados com os cenários:

a) Cuidado para não ficar com três cenários e achar que o do meio é o mais provável e perder a vantagem de trabalhar com cenários. Cenário demais também podem atrapalhar pois se fundem e perdem seu significado independente para o enriquecimento da análise.
b) Evite atribuir probabilidades aos cenários pois a tendência passa a ser de adotar o mais provável. Atribuir probabilidades significa fazer suposições e inferir o comportamento do futuro.
c) Preste atenção ao batizar os cenários pois seus nomes devem expressar sua lógica. Devem ser nomes marcantes e fáceis de decorar.
d) A escolha do grupo desenvolvedor de cenários é fundamental e as pessoas devem ter o apoio da administração, pertencer a amplo espectro de funções e serem pessoas com criatividade, mente aberta e trabalho em equipe.

Foram produzidos bons cenários se eles forem tanto plausíveis quanto surpreendentes, quebrando paradigmas e velhos conceitos. Se a elaboração de cenários não for participativa, falhará.

Recomendo aos que permaneçam no Setor Elétrico, que a correção de problemas estruturais seja feita e pensada com bastante antecedência. Não dá para ficar na situação de cachorro correndo atrás do próprio rabo. Isso vale também para qualquer ser humano. É muito bom planejar a própria vida, mas não se frustrar com os insucessos porque nem sempre o futuro se apresenta como tínhamos previsto. É sempre bom quando se aprende com as lições do passado sabendo que ele raramente se reproduz da mesma forma.

A resiliência é um dos fatores mais importantes na vida do cidadão e o deve ser também em relação à operação do Sistema Interligado Nacional. Adaptar-se à redução cada vez mais acentuada de reservatórios de regularização que atenuam as grandes enchentes e permitem transferir vazões de períodos secos. Adaptar-se ao consumo de energia cada vez mais elevado (afinal de contas somos cada vez mais dependentes de energia elétrica). Adaptar-se grandes troncos de transmissão em corrente contínua de longas distâncias. Adaptar-se a fontes de energia elétrica novas e intermitentes. Adaptar-se a reservatórios que ganham outorga para uso da água entre os níveis máximo e mínimo e a partir de sua entrada em operação se veem impossibilitados de operá-los plenamente pelas mais diversas restrições hidráulicas, geralmente de natureza ambiental. Adaptar-se à queda intempestiva de algumas linhas. Enfim, adaptar-se, adaptar-se e adaptar-se. Esse parece ser um dos principais aspectos para se considerar ao tratar a questão da operação de sistemas elétricos.

Lembremos que a medição sempre domina sobre a intuição e que pessoas racionais fazem escolhas com base nas informações de que dispõem e não com base no capricho, na emoção ou até mesmo no hábito [BERNSTEIN P. L., 1997]

Não se trabalha no Setor Elétrico com soluções prontas. Elas vão sendo construídas na medida em que vamos caminhando e passando por diferentes experiências e dando soluções aos problemas colocando em prática toda a nossa criatividade. Uma de minhas frases preferidas é do poeta espanhol Antônio Machado Ruiz que diz: *"Caminante no hay caminho, se hace caminho al andar, al andar se hace caminho y al volver la vista atrás se ve ela senda que nunca se há de volver a pisar"*, que traduzindo fica:

- *"Caminhante não há caminho, se faz caminho ao andar, ao andar se faz caminho e ao olhar para atrás se vê a senda que nunca se há de voltar a pisar"*.

Para finalizar agradeço a Deus pelo dom da vida, por acordar vivo e feliz todos os dias e pela minha saúde. Não poderia deixar de agradecer também de todo coração à Eletrobrás, ao ONS e a seus diretores, gerentes e dirigentes em geral, por terem me acolhido com carinho, por terem cuidado de minha carreira profissional, por terem apostado em mim e em meus dons.

Espero ter contribuído para o engrandecimento do Setor Elétrico, para o crescimento profissional de tantos engenheiros que treinei e capacitei e desejo tanto à Eletrobrás quanto ao ONS e a seus colaboradores, vida longa e que saibam sempre cuidar da saúde, da família e do trabalho com muito carinho e dedicação.

Que meus colegas sigam sempre mostrando a capacidade de enfrentar os problemas deste complexo sistema que é o SIN, sem medo de inovar e com a coragem de propor soluções verdadeiramente criativas. Sejam ousados sempre. Boa sorte caros colegas.

BIBLIOGRAFIA

LEITE, A.D., A energia do Brasil, Elsevier-Campos, 2007, 658p.

CACHAPUZ, P.B. de B. (coordenação), O planejamento do setor de energia elétrica: a atuação da Eletrobrás e do Grupo Coordenador do s Sistemas Elétricos - GCPS, 1ª Ed., ONS, Centro da Memória da Eletricidade no Brasil, 2002, 540p.

CACHAPUZ, P.B. de B. (coordenação), História da operação do sistema interligado nacional, 2ª Ed., ONS, Centro da Memória da Eletricidade no Brasil, 2003, 416p.

ONS, 2021a, consulta á página eletrônica do ONS, http://www.ons.org.br/paginas/conhecimento/glossario

ONS, 2021b, consulta á página eletrônica do ONS, http://www.ons.org.br/Paginas/resultados-da-operacao/historico-da-operacao/intercambios_energia.aspx, Acesso em 30/05/2021

ONS, 2021c, consulta á página eletrônica do ONS, http://www.ons.org.br/Paginas/resultados-da-operacao/historico-da-operacao/dados_hidrologicos_niveis.aspx, Acesso em 29/05/2021

ONS, 2021d, consulta á página eletrônica do ONS, http://www.ons.org.br/Paginas/resultados-da-operacao/historico-da-operacao/energia_armazenada.aspx, Acesso em 30/06/2021

ONS, 2021e, consulta á página eletrônica do ONS, http://www.ons.org.br/Paginas/resultados-da-operacao/historico-da-operacao/capacidade_instalada.aspx, Acesso em 03/06/2021

DE SOUZA Z.; SANTOS A.H.M.; BORTONI E. DA C., Centrais Hidrelétricas – Estudos para implantação, Rio de Janeiro, ELETROBRÁS, 1999, p. 425.

ANEEL, 2018, Relatório de Acompanhamento da Implantação de Empreendimentos de Geração – Março/2018.

CMSE, 2020, Deliberação da 236ª Reunião Extraordinária do CMSE.

Ministério da Economia, março/2021, Nota Informativa - Atividade Econômica, Resultado do PIB 2020 e Perspectivas, https://www.gov.br/economia/pt-br/centrais-de-conteudo/publicacoes/notas-informativas/

COELHO C.A.S. et al, The 2014 southeast Brazil austral summer drought: regional scale
mechanisms and teleconnections, 2015, Clim Dyn - DOI 10.1007/s00382-015-2800-1

CUNHA A.P.M.A. et al, Extreme Drought Events over Brazil from 2011 to 2019, 2019, Atmosphere – MDPI

SCHWATRZ P., A arte da visão de longo prazo, Ed. Best Seller, 2019, 4ª edição em 2006, p. 213.

PAPA FRANCISCO, Fratelli Tutti, Edições Loyola, 2020, p. 144.

FORTUNATO L.A.M., NETO T. de A.A., ALBUQUERQUE J.C.R. de, PEREIRA M.V.F.; Introdução ao Planejamento da Expansão e Operação de Sistemas de Produção de Energia Elétrica, 1990, Editora Universitária - UFF, p. 227.

CEPEL. Atlas do Potencial Eólico Brasileiro, 2001. Disponível em: <http://www.cresesb.cepel.br/publicacoes/index.php?task=livro&cid=1>. Acesso em: 01/05/2021.

SIMAS M. e PACCA S., Energia eólica, geração de empregos e desenvolvimento sustentável. Estudos Avançados [online]. 2013, v. 27, n. 77 Acessado 01/06/2021 pp. 99-116. Disponível em: https://doi.org/10.1590/S0103-40142013000100008 ISSN 1806-9592.

BERNSTEIN, P. L., Desafio aos Deuses: a fascinante história do risco, trad. Ivo Korytowski, Rio de Janeiro, campus, 1997, 389 p.

FOTOS

Curso na OIT em Turim – 1989

Medindo vazão e sedimento – 1992

Assoreamento em Santana - 1992

Inventário do rio Pomba - 1996

Na Eletrobrás – 1997

SBRH em Gramado – 1998

SBRH em Aracaju – 2001

No ONS – 2001

Em Itaipu – 2003

Em Funil-PB - 2003

HD antes das nuvens - 2004

Dia da Criança - 2005

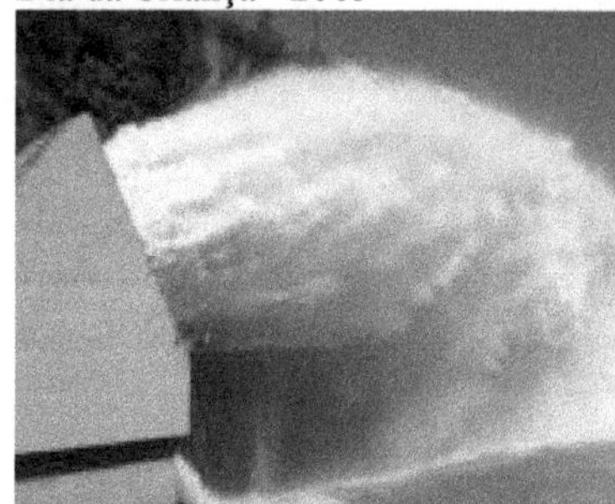
Válvula dispersora (UHE Funil) - 2006

Com gravata - 2007

No XXII CBE – 2008

No II SRHSSE da ABRHidro – 2008

Reservatório de S.Branca-2009

Assoreamento-UHE Caconde -2009

Seminário ABRAGE– 2010

Aula em Barra Mansa – 2011

Escolha das frases – 2011

Rio+20 – 2012

Confraternização – 2015

Visita a Estreito-Tocantins – 2016

Com colegas e Papai Noel – 2017

Eólicas no Maranhão – 2018

Assoreamento em T.Marias – 2018

Home-Office - 2021

POEMA PARA A VIDA

Caminante no hay caminho (Antonio Machado Ruiz)

Todo pasa y todo queda
Pero lo nuestro es pasar
Pasar haciendo caminos
Caminos sobre la mar

Nunca perseguí la gloria
Ni dejar en la memoria
De los hombres mi canción
Yo amo los mundos sutiles
Ingrávidos y gentiles
Como pompas de jabón

Me gusta verlos pintarse de sol y grana
Volar bajo el cielo azul
Temblar súbitamente y quebrarse
Nunca perseguí la gloria
Caminante son tus huellas el camino y nada más
Caminante, no hay camino se hace camino al andar

Al andar se hace camino
Y al volver la vista atrás
Se ve la senda que nunca
Se ha de volver a pisar
Caminante no hay camino sino estelas en la mar

Hace algún tiempo en ese lugar
Donde hoy los bosques se visten de espinos
Se oyó la voz de un poeta gritar
Caminante no hay camino, se hace camino al andar

Golpe a golpe, verso a verso
Murió el poeta lejos del hogar
Le cubre el polvo de un país vecino
Al alejarse, le vieron llorar
"Caminante, no hay camino, se hace camino al andar"

Golpe a golpe, verso a verso
Cuando el jilguero no puede cantar
Cuando el poeta es un peregrino
Cuando de nada nos sirve rezar
Caminante no hay camino, se hace camino al andar

Golpe a golpe, verso a verso

LINHAS DO TEMPO

Ano	Linha do Tempo do Acompanhamento e consistência no ONS
2000 e antes	Relatório SINOPSE Boletim HIDRONS
2001	SADHI
2002	SETHIDRO
2003	Início - 1ªRevisão das Série de Vazões Naturais (1931 a 2001)
2004	Serie de Vazões Natuarais Revistas (Resolução ANEEL 243/2004) Início - Relatório Atualização das Séries de Vazões
2005	Séries de Vazões Naturais Revistas (1931 a 2001)
2006	Novo processo de consolidação de vazões diárias
2007	2ºProjeto de usos consuntivos Novos usos consuntivos (Resolução ANA 96/2007)
2008	Início - 1ªRevisão das Série de Vazões Naturais (1931 a 2005/2007)
2009	
2010	
2011	Início - RDH Séries de Vazões Naturais Revistas (1931 a 2007)
2012	Início - ACOMPH e OPHEN
2013	
2014	
2015	
2016	Novo processo de consolidação de vazões naturais diárias
2017	
2018	
2019	
2020	
2021	

Ano	Linha do Tempo da Previsão de Vazões no ONS
2000 e antes	PREVAZ (modelo mensal-decomposição semanal)
2001	Validação do PREVIVAZ (modelo semanal) PrevivazH (modelo diário) SISCV (Chuva-vazão - SMAP II e IPH II)
2002	Validação do GEVAZ(Gerador de Cenários)
2003	Criação do Subgrupo de Hidrologia (Antigo SGHIDRO)
2004	SIPOOEE no ONS
2005	
2006	Validação do CPINS MPCV (Data Mining) - Iguaçu
2007	Início do Relatório Anual de Previsão de Vazões Workshop Previsão de Vazões no ONS MPCV (Data Mining) - Uruguai
2008	SMAPMEL - Itaipu MGB - Itumbiara-S.Simão PREVIVAZM (modelo mensal) Fuzzy - Bacia do rio Iguaçu
2009	SMAP/ONS - Alto/Médio rio Grande
2010	SMAP/ONS - Paranapanema NEURO - UHE Três Marias (NEURO3M)
2011	Validação do PREVIVAZM
2012	NEURO - Postos do rio São Francisco (S.Romão e S.Francisco) Disponibilização dos Modelos aos Agentes
2013	Remoção de Viés SMAP/ONS - Alto/Médio Paranaíba - Baixo Grande
2014	
2015	
2016	
2017	SMAP/ONS - Itaipu Workshop sobre Padrões Climáticos e influência nas Séries de Vazões
2018	ANEEL - Metodologia de Entrada de Modelos SMAP/ONS - Baixo Paranaíba, Iguaçu, T.Marias, S.Mesa e Uruguai Previsão de Precipitação por Conjunto no SMAP/ONS
2019	ANEEL - Homologação de Modelos de Apoio ANEEL - Versão 3.0 do Modelo SMAP/ONS SMAP/ONS - Tietê e UHE Queimado
2020	Propagação pelo método de Muskingum SMAP/ONS - Paraná, Tocantins e Madeira
2021	SMAP/ONS para duas semanas à frente SMAP/ONS - rios Teles Pires e Xingu SMAP/ONS - Demais bacias (Doce, Araguari, Uatumã, Curuá-Una, Jequitinhonha, Jari, Parnaíba)

Ano	**Linha do Tempo da Meteorologia**
2000 e antes	Previsão Meteorológica e Climática Precipitação Média por Bacia Hidrográfica Sistema de Detecção de Queimadas Uso do Software METPRO
2001	Aquisição de observações METAR e SYNOP Desenvolvimento de Banco de Dados em mdb 1º ELETROMET Workshop de Metodologias para a Previsão de Carga
2002	Imagens de satélite do GOES2 (Furnas)
2003	
2004	
2005	
2006	
2007	
2008	
2009	
2010	Software LEADS substitui o METPRO
2011	
2012	
2013	
2014	Entrada do SIMONS
2015	
2016	
2017	
2018	
2019	
2020	
2021	

Ano	Linha do Tempo da Gestão de Recursos Hídricos no ONS
2000 e antes	
2001	
2002	ONS no Comitê Guandu
2003	Crise hídrica - Paraíba do Sul
2004	1ª Reunião do Comitê Guandu
2005	
2006	GT de Gestão de Recursos Hídricos - GTGRH
2007	2ªMaior Cheia - Paraná (Jupiá=17.779m³/s)
2008	Início - Inventário de Restrições Hidráulicas
2009	
2010	Energia Armazenada -Paraíba do Sul = 100%
2011	Resolução 48 - UHE Pimental (hidrogramas) 3ªMaior Cheia - Paraná (Jupiá=16.097m³/s)
2012	
2013	
2014	Criação do GTAOH - Paraíba do Sul Resolução 42 - UHE Baixo Iguaçu
2015	Crise hídrica - Paraíba do Sul Energia Armazenada - Paraíba do Sul = 5,2% Resolução Conjunta 1382 (Paraíba do Sul) Resoluções 934 e 1493 - UHE Caconde
2016	
2017	Criação do GAOPS - Paraíba do Sul Sala de Crise do S.Francisco Resolução ANA 2081 - S.Francisco Sala de crise do Tocantins Sala de crise da Hidrovia Tietê-Paraná
2018	Sala de crise do rio Madeira Resoluções 9 e 50 - UHE Caconde Resolução 30 - UHE Xingó (550m³/s)
2019	Sala de crise do Paranapanema
2020	Sala de crise das bacias do Sul Sala de crise do Paranaíba Sala de crise do Grande Resolução 55 - UHE Ilha Solteira Resolução 1815 - UHE Pimental
2021	Sala de crise do Paraná Resolução ANA 70 - Tocantins Resolução ANA 72 - UHE Caconde Resoluções 63 e 80 - UHE Furnas e M.Moraes

Ano	Linha do Tempo da Operação Hidráulica no ONS
2000 e antes	
2001	
2002	
2003	
2004	Hydrolab no ONS
2005	
2006	
2007	Rompimento de Restrição de Jupiá (16.000m³/s)
2008	
2009	
2010	
2011	Hydroexpert no ONS Rotina do FASG (Copel) no Hydroexpert Rompimento de Restrição de Jupiá (16.000m³/s)
2012	Workshop Interno de Programação Diária Mudança de 30 para 20 anos TR de Jupiá (16.000m³/s)
2013	Início - Informe de Cheias Validação Hidraulica do PDF
2014	
2015	
2016	Boletim de Validação Hidráulica por Subsistema Rompimento de restrição da UHE Barra Bonita (2.100m³/s)
2017	Boletim de Validação Hidráulica do Brasil
2018	Revisão da Restrição de 16.000m³/s em Jupiá
2019	Níveis de Partida do DESSEM GTDP - Famílias de Polinômios de Jusante GTDP - Rendimentos revistos GTDP - Perdas Hidráulicas revistas
2020	Informe Interno da Validação Hidráulica

Ano	Linha do tempo de Outros Modelos
2000 e antes	NEWAVE DECOMP SISEVAPO (v1)
2001	
2002	
2003	
2004	SIPOOEE no ONS
2005	
2006	SISEVAPO (v2)
2007	
2008	
2009	
2010	
2011	
2012	GERCAD (Dados-BDT)
2013	
2014	
2015	
2016	
2017	
2018	
2019	DESSEM (SHADOW)
2020	DESSEM (Preço Semihorário)
2021	

Ano	Linha do Tempo de Fatores Externos
2000 e antes	Governo Fernando Henrique Cardoso (1995) RESEB (1997) Postos Hidrométricos (Resolução ANEEL 396/1998) Luz no Campo (Decreto 8.715/1999)
2001	Racionalização de Energia Racionamento de Energia
2002	Fim do Racionamento (Março) Criação do Mercado Atacadista de Energia - MAE PROINFA (Lei 10.438/2002)
2003	Governo Luiz Inácio Lula da Silva Luz para Todos (Decreto 4.873/2003)
2004	Criação da EPE (Lei nº 10.847/2004) Criação do CMSE (Decreto 5175/2004) Criação da CCEE (Decreto 5177/2004) Regulamentação-PROINFA (Decreto 5.025/2004) Comercialização de Energia (Lei nº 10.848/2004 e Decreto Nº 5.163/2004)
2005	
2006	
2007	Acordo CCEE - ONS Última máquina em Itaipu Integração de Metodologias e Modelos (Resolução CNPE 1/2007)
2008	
2009	
2010	Hidrometria - Resolução Conjunta ANA-ANEEL nº 3/2010
2011	Governo Dilma Roussef
2012	Primeira máquina na UHE S.Antônio
2013	Primeira Máquina na UHE Jirau
2014	
2015	
2016	Governo Temer Primeira Máquina em Belo Monte Modelos (Resolução CNPE 7/2016)
2017	
2018	
2019	Governo Jair Bolsonaro Regras para PMO e PLD - (Resolução ANEEL 843/2019)
2020	
2021	Crise Hidroenergética do SIN

PEQUENO GLOSSÁRIO

- **Agência Nacional de Águas e Saneamento Básico – ANA:** Criada pela Lei 9984/2000, a Agência Nacional de Águas e Saneamento Básico (ANA) é uma entidade federal de implementação da Política Nacional de Recursos Hídricos, integrante do Sistema Nacional de Gerenciamento de Recursos Hídricos (Singreh). A partir da Lei nº 14.026/2020 incorporou a responsabilidade pela instituição de normas de referência para a regulação dos serviços públicos de saneamento básico, e estabelece regras para sua atuação, sua estrutura administrativa e suas fontes de recursos.
- **Agência Nacional de Energia Elétrica - ANEEL:** Autarquia sob regime especial, vinculada ao MME, que tem a finalidade de regular e fiscalizar a produção, transmissão, distribuição e comercialização de energia elétrica criada pela Lei nº 9.427, de 26 de dezembro de 1996.
- **Agente de Geração:** Agente titular de concessão, permissão ou autorização outorgada pelo Poder Concedente para fins de geração de energia elétrica. Diz-se, também, agente de produção ou gerador.
- **Bacia hidrográfica:** Área definida topograficamente, drenada por um curso de água ou sistema conectado de cursos de água, tal que toda vazão seja descarregada através de uma simples saída.
- **Bacia incremental:** Parte da bacia hidrográfica situada entre um local (tomado como ponto de controle, podendo ser este um reservatório) e outro(s) localizado(s) imediatamente a montante (acima no curso d´´agua).
- **Balanço hídrico do reservatório:** Balanço das entradas e saídas de água no interior de um reservatório, consideradas as variações efetivas de acumulação.
- **Câmara de Regras Excepcionais para Gestão Hidroenergética – CREG:** A Câmara de Regras Excepcionais para Gestão Hidroenergética (CREG) foi instituída pela Medida Provisória nº 1.055/2021 de forma a fortalecer a governança para o enfrentamento da crise hídrica vivenciada no País em

2021, estabelecendo, assim, a articulação necessária entre os órgãos e entidades responsáveis pelas atividades dependentes dos recursos hídricos. Dessa forma, espera-se que as medidas excepcionais que se façam necessárias possam ser implementadas, garantindo sua efetividade no aumento da garantia da segurança e continuidade do suprimento de energia elétrica no País.

- **Carga de Demanda ou Demanda:** Potência elétrica média solicitada por um equipamento, barramento, subestação, agentes da operação, subsistema ou sistema elétrico, durante um determinado intervalo de tempo.
- **Carga de Energia:** Carga equivalente à integral das cargas de demanda em um determinado período de tempo, expressa geralmente em MWh. Quando expressa em MW-médio, em uma determinada base de tempo, como, por exemplo, MW-médio em base anual, refere-se a uma unidade de energia convencionada, expressa pelo valor médio da potência que, multiplicada pelo intervalo de tempo considerado, define a energia consumida nesse mesmo intervalo.
- **Cenários de Afluências:** Conjuntos de ocorrências futuras de afluências naturais, consideradas como variáveis aleatórias, usualmente empregadas para representar as incertezas hidrológicas. Essas ocorrências futuras devem preservar as características principais das séries históricas de afluências de um determinado local, como, por exemplo, o valor médio e o desvio padrão dessas afluências.
- **Comitê de Monitoramento do Setor Elétrico - CMSE:** O Comitê de Monitoramento do Setor Elétrico (CMSE) foi criado pela lei 10.848/2004, com a função de acompanhar e avaliar permanentemente a continuidade e a segurança do suprimento eletroenergético em todo o território nacional.
- **Critério "n-1":** Critério determinístico pelo qual o sistema deve ser capaz de suportar qualquer contingência simples, ou seja, a perda de qualquer um de seus elementos sem corte de carga.

- **Curva de Carga:** Curva que representa a variação da potência, em função do tempo, requerida por um sistema ou equipamento elétrico.
- **Custo Marginal de Operação – CMO:** Custo por unidade de energia produzida no qual se incorre para atender a um acréscimo de carga no sistema.
- **Cheia:** Fenômeno resultante de sequência de vazões superiores a um valor normal considerado para determinada seção do rio ou superiores a uma restrição de vazão máxima estabelecida para essa seção
- **Deplecionamento:** Rebaixamento do nível de água de um reservatório ou diminuição do volume de água armazenado em um reservatório.
- **Desvio de água:** Desvio, do seu curso normal (rio ou reservatório), da água destinada a um outro curso d´água ou reservatório.
- **Eletrobrás:** A instalação da empresa ocorreu oficialmente no dia 11 de junho de 1962 com a atribuição de promover estudos, projetos de construção e operação de usinas geradoras, linhas de transmissão e subestações destinadas ao suprimento de energia elétrica do país. A nova empresa passou a contribuir decisivamente para a expansão da oferta de energia elétrica e o desenvolvimento do país.
- **Empresa de Pesquisa Energética – EPE:** Criada pela Lei 10.847/2004 a EPE é uma empresa pública vinculada ao MME, cuja finalidade é prestar serviços na área de estudos e pesquisas relativos à energia elétrica, petróleo, gás natural e seus derivados, carvão mineral, fontes energéticas renováveis e eficiência energética, entre outras, para subsidiar o planejamento do setor energético..
- **Energia Armazenada – EAR:** Energia disponível em um sistema de reservatórios, calculada a partir da energia produzível pelo volume armazenado nos reservatórios em seus respectivos níveis operativos.
- **Energia Armazenada Corrigida – EARcorr:** Energia disponível em um sistema de reservatórios, calculada a partir da energia produzível pelo volume armazenado nos reservatórios

em seus respectivos níveis operativos, multiplicada por um fator associado à estimativa de ENA para os meses de período úmido.

- **Energia Firme:** A energia firme corresponde a energia média possível de ser produzida em um período crítico com as piores condições de escassez. No caso de hidrelétricas, essa condição corresponde ao histórico hidrológico, onde o período crítico é medido com base no histórico das vazões.
- **Energia Natural Afluente – ENA:** Energia afluente a um sistema de aproveitamentos hidrelétricos, calculada a partir da energia produzível pelas vazões naturais afluentes a estes aproveitamentos, em seus níveis a 65% dos volumes úteis operativos.
- **Evaporação líquida:** Diferença entre a evaporação real do lago do reservatório e a evapotranspiração real estimada para essa área em condições naturais.
- **Índice Custo Benefício – ICB:** É definido como a razão entre o custo total de um empreendimento de geração e o seu benefício energético, podendo ser calculado em base mensal ou anual. Expressa-se geralmente em R$/MWh ou em US$/MWh.
- **Modelo chuva-vazão:** Modelo matemático de transformação chuva-vazão que têm por objetivo estimar o deflúvio em um sistema de drenagem qualquer, gerado por um evento de chuva. Busca reproduzir as fases do ciclo hidrológico entre a precipitação e o escoamento no ponto de interesse.
- **Modelo Estocástico:** Modelo matemático de simulação de processos que buscam representar as incertezas inerentes a esses processos, utilizando, para isso, conceitos de probabilidade e estatística, bem como a dependência temporal de suas variáveis.
- **Nível de jusante:** Nível de água imediatamente a jusante de um aproveitamento hidroelétrico, em geral medido no canal de fuga da usina.
- **Nível de montante:** Nível de água imediatamente a montante de um aproveitamento hidroelétrico, em geral medido nas proximidades da barragem.

- **Nível do canal de desvio:** Nível a partir do qual é possível iniciar o desvio de água pelo canal de desvio.
- **Nível máximo maximorum:** Nível de água mais elevado para o qual a barragem foi projetada. É geralmente fixado como o nível correspondente à elevação máxima, quando da ocorrência de cheia de projeto.
- **Nível máximo operativo normal:** Nível máximo de água de um reservatório, para fins de operação normal de uma usina hidroelétrica.
- **Nível mínimo operativo:** Nível mínimo de água de um reservatório para a operação normal de uma usina hidroelétrica.
- **Operador Nacional do Sistema Elétrico – ONS:** Pessoa jurídica de direito privado, sem fins lucrativos, mediante autorização do Poder Concedente, fiscalizado e regulado pela ANEEL, integrado por titulares de concessão, permissão ou autorização e consumidores que tenham exercido a opção prevista nos arts. 15 e 16 da Lei no 9.074/1995, e que sejam conectados à Rede Básica.
- **Perda hidráulica (PH):** Também conhecida como Perda no Circuito Hidráulico, refere-se à perda de energia que um fluido, em uma tubulação sob pressão, sofre em razão de vários fatores como o atrito deste com uma camada estacionária aderida à parede interna da tubulação ou em razão da turbulência devido às mudanças de direção do traçado. De um modo geral está referida em metros de queda.
- **Período crítico:** Intervalo de tempo correspondente à sequência de vazões do registro histórico, no qual o sistema, considerada constante a configuração de seu parque gerador, de suas interligações e de seu conjunto de reservatórios de armazenamento, passa de seu armazenamento máximo (todos os reservatórios cheios) a seu armazenamento mínimo (todos os reservatórios vazios), sem reenchimentos totais intermediários, atendendo à sua energia firme.
- **Período de controle de cheia:** Período em que são alocados volumes de espera nos reservatórios dos aproveitamentos hidroelétricos para controle de cheias.

- **Potência efetiva:** Potência máxima obtida em regime contínuo, possível de ser obtida nos terminais do gerador elétrico, em que são consideradas todas as limitações existentes e respeitados os limites nominais do fator de potência, determinada a partir dos ensaios de comissionamento e ou verificação (medições ou ensaios) e nas condições operativas atuais do equipamento. Diz-se também potência elétrica ativa nominal.
- **Planejamento da operação:** Processo cujo objeto é a análise das condições futuras de atendimento ao mercado consumidor, com base no conhecimento específico requerido e na natureza das variáveis analisadas. Para tal processo, elaboram-se estudos especiais, analisa-se a proteção e o controle do SIN, bem como o desenvolvimento das atividades de hidrologia operacional. O planejamento da operação compreende a análise energética, elétrica e hidrológica da operação futura em diferentes horizontes – plurianual, anual, mensal, semanal e diário.
- **Programa Mensal da Operação – PMO:** Processo que tem como objetivo estabelecer, para os agentes, os programas de geração hidráulica e térmica, os intercâmbios de energia e demanda, para o próximo mês, com discretização semanal, bem como as diretrizes para a operação eletroenergética do período a ser programado; deve ser efetuado por meio da análise das condições hidroenergéticas e hidrometeorológicas, das condições de atendimento ao mercado de energia e demanda, considerando-se as condições operativas atualizadas dos aproveitamentos hidroelétricos, das usinas termoelétricas e do sistema de transmissão, que se constituíram em objetos dos estudos de validação elétrica.
- **Restrições operativas hidráulicas:** Conjunto de limitações da operação hidráulica dos aproveitamentos hidroelétricos que devem ser respeitadas para que não resultem em danos para a instalação, para a sociedade, para o meio ambiente e que não interfiram em outras atividades relacionadas ao uso da água.
- **Série histórica:** Conjunto de valores de dados ordenados cronologicamente em intervalos constantes, representativos de um parâmetro ou grandeza física.

- **Sistema Interligado Nacional – SIN:** Instalações responsáveis pelo suprimento de energia elétrica a todas as regiões do país, interligadas eletricamente.
- **Subsistemas:** Subdivisão do sistema interligado que, por razões energéticas, é definida em função da homogeneidade hidrológica, considerando que a representação agregada ou individualizada de seus reservatórios e de suas afluências não apresente distorções significativas para fins de simulação da operação eletroenergética, e/ou em função de ter sua fronteira limitada em relação a outras subdivisões pela existência de limites de intercâmbio restritivos em relação às mesmas.
- **Teleconexões atmosféricas:** São chamadas de teleconexões atmosféricas as que correlacionam condições meteorológicas em regiões distantes e diferentes e que não estão fisicamente diretamente ligadas. Os fenômenos El Niño e La Niña são exemplos de teleconexões.
- **Tempo de viagem da água:** Tempo de passagem de uma partícula de água ou de uma onda, de um ponto dado a outro a jusante, num canal aberto.
- **Usina a fio de água:** Usina hidroelétrica que possui reservatório com volume útil suficiente apenas para prover regularização diária ou semanal, ou que utiliza diretamente a vazão afluente do aproveitamento. Também chamada de usina com reservatório de compensação.
- **Usina eólica ou Central Geradora Eólica:** Empreendimento para produção de energia elétrica a partir da energia cinética do vento.
- **Usina hidroelétrica:** Usina na qual a energia elétrica é obtida por conversão da energia potencial e cinética da água.
- **Usina solar:** Empreendimento para produção de energia elétrica a partir da energia solar, seja através de aquecimento de água seja através de painéis fotovoltaicos.
- **Usina termoelétrica:** Usina elétrica na qual a energia elétrica é obtida por conversão de energia térmica.
- **Uso consuntivo da água:** Uso da água - para irrigação, criação animal e abastecimentos urbano, rural e industrial, cujo

consumo provoca a diminuição dos recursos hídricos disponíveis.

- **Uso múltiplo da água:** Utilização de recursos hídricos por todos os usuários da água incluindo os do setor elétrico.
- **Vazão afluente:** Vazão que chega a um aproveitamento hidroelétrico ou a uma estrutura hidráulica.
- **Vazão de uso consuntivo:** Vazão de água destinada ao conjunto de atividades em que o seu uso provoca uma diminuição dos recursos hídricos disponíveis, como irrigação, criação animal e abastecimentos urbano, rural e industrial.
- **Vazão de restrição:** Vazão correspondente a uma restrição hidráulica.
- **Vazão defluente ou Defluência:** Vazão que sai de um aproveitamento hidroelétrico ou de uma estrutura hidráulica.
- **Vazão natural:** Vazão que ocorreria em uma seção do rio se não houvesse, a montante, ações antrópicas na bacia, como a regularização de reservatórios, as transposições de vazão e as captações para diversos fins. A vazão natural proveniente de toda a bacia a montante é denominada vazão natural total. Se proveniente de bacia incremental, é chamada de vazão natural incremental.
- **Vazão turbinada:** Vazão que passa através das turbinas de uma usina hidroelétrica.
- **Vazão vertida:** Vazão liberada por um reservatório através de vertedouros de superfície e/ou de descarregadores de fundo.
- **Vertedouro ou Vertedor:** Estrutura hidráulica destinada a escoar água de um canal ou reservatório. É denominado vertedouro de soleira livre quando o escoamento não é afetado por submergência ou pelas águas de jusante e não possui controle através de comporta.
- **Volume de espera:** Parte do volume útil de um reservatório, abaixo do nível máximo operativo normal, mantido vazio para ser utilizado no controle de cheias. Esse volume é determinado no planejamento anual do controle de cheias.
- **Volume máximo maximorum:** Volume do reservatório que fica abaixo do nível máximo maximorum.

- **Volume morto:** Volume do reservatório que fica abaixo do nível mínimo operativo normal.
- **Volume útil:** Volume do reservatório compreendido entre o nível máximo operativo normal e o nível mínimo operativo normal.

Observação: Os textos lançados aqui neste glossário foram baseados no glossário do ONS localizado no endereço apresentado abaixo, consultados em 01/10/2021 e modificados por este autor:

http://www.ons.org.br/paginas/conhecimento/glossario

www.ingramcontent.com/pod-product-compliance
Ingram Content Group UK Ltd.
Pitfield, Milton Keynes, MK11 3LW, UK
UKHW021956190726
13853UKWH00004B/1562

9 786500 421132